新时代乡村振兴百问百答丛书　何　丞/主编

乡村平安乐居防风险百问百答

洪　凯/编著

SPM
南方出版传媒
广东人民出版社
·广州·

图书在版编目（CIP）数据

乡村平安乐居防风险百问百答／洪凯编著．—广州：广东人民出版社，2019.9
（新时代乡村振兴百问百答丛书）
ISBN 978-7-218-13687-5

Ⅰ．①乡…　Ⅱ．①洪…　Ⅲ．①诈骗—预防—中国—问题解答②农村—生活安全—问题解答　Ⅳ．①D669.8-44 ②X956-44

中国版本图书馆 CIP 数据核字（2019）第 136834 号

XIANGCUN PING'AN LEJU FANG FENGXIAN BAIWENBAIDA
乡村平安乐居防风险百问百答
洪　凯　编著

出 版 人：肖风华

责任编辑：卢雪华　李尔王
封面设计：末末美书
插画绘图：詹颖钰
责任技编：周　杰　吴彦斌　周星奎

出版发行：广东人民出版社
地　　址：广州市海珠区新港西路 204 号 2 号楼（邮政编码：510300）
电　　话：（020）85716809（总编室）
传　　真：（020）85716872
网　　址：http://www.gdpph.com
印　　刷：佛山市浩文彩色印刷有限公司
开　　本：889mm × 1194mm　1/32
印　　张：7.625　　　字　数：182 千
版　　次：2019 年 9 月第 1 版　2019 年 9 月第 1 次印刷
定　　价：33.00 元

如发现印装质量问题，影响阅读，请与出版社（020-85716808）联系调换。
售书热线：020-85716826

总 序

党的十九大提出实施乡村振兴战略，是以习近平同志为核心的党中央着眼党和国家事业全局，深刻把握现代化建设规律和城乡关系变化特征，顺应亿万农民对美好生活的向往，对“三农”工作作出的重大决策部署，是新时代做好“三农”工作的总抓手。习近平总书记十分关心乡村振兴工作，多次对乡村振兴工作作出部署或者具体指示。比如，2017 年 12 月习近平总书记主持召开中央农村工作会议，对走中国特色社会主义乡村振兴道路作出全面部署；2018 年 7 月，习近平总书记对实施乡村振兴战略作出重要指示，强调各地区各部门要充分认识实施乡村振兴战略的重大意义，把实施乡村振兴战略摆在优先位置，坚持五级书记抓乡村振兴，让乡村振兴成为全党全社会的共同行动；2018 年 9 月，习近平总书记在十九届中共中央政治局第八次集体学习会上，深刻阐述了实施乡村振兴战略的重大意义、总目标、总方针、总要求，强调实施乡村振兴战略要按规律办事，要注意处理好长期目标和短期目标的关系、顶层设计和基层探索的关系、充分发挥市场决定性作用和更好发挥政府作用的关系、增强群众获得感和适应发展阶段的关系；

2018 年 12 月，在中央农村工作会议上，习近平总书记对做好“三农”工作作出重要指示，要求深入实施乡村振兴战略，对标全面建成小康社会必须完成的“硬任务”，适应国内外环境变化对我国农村改革发展提出的新要求，统一思想、坚定信心、落实工作，巩固发展农业农村好形势。中共中央国务院也先后出台了《关于实施乡村振兴战略的意见》和《乡村振兴战略规划（2018—2022 年）》，对乡村振兴工作作了安排部署。

面对新时代新形势新任务新要求，我们深深感到，习近平总书记关于做好“三农”工作的重要论述，是实施乡村振兴战略、做好新时代“三农”工作的理论指引和行动指南。可以说，我们在乡村振兴工作实践中遇到的一切问题，都可以从习近平总书记的论述中找到答案，那是我们推进乡村振兴工作实践的教科书。另一方面，广大农民和农村基层党员干部、“三农”工作者迫切需要把思想和行动统一到党中央关于“三农”工作的一系列决策部署上来，准确把握习近平总书记重要讲话和批示指示的丰富内涵和精神实质，坚持用习近平总书记关于做好“三农”工作的重要论述武装头脑、指导实践、推动工作。

鉴于此，我们策划了这套《新时代乡村振兴百问百答丛书》。丛书准确把握习近平总书记关于实施乡村振兴的重要讲话精神，按照乡村振兴“产业兴旺、生态宜居、乡风文明、治理有效、生活富裕”的总要求，从农村基层党建、产业乡村、美丽乡村、幸福乡村、平安乡村、文明乡村、健康乡村、富裕乡村、安全乡村等九个方面为切入点，帮助与引导相结合，既宣讲中央精神，引导广大农民充分发挥在乡村振兴中的主体作用，也阐述了农民和农村基层党员干部、“三农”工作者急迫需要知晓的乡村振兴政策法规知识和科学常识，在乡村振兴路上为农民释疑解惑。

从书的几位编者或出身农民，或从事农村基层工作，又或从事“三农”的科研教学。编者们既能学懂弄通习近平总书记和中央关于“三农”工作的精神和政策法规，也懂农民，懂“三农”工作者，所以丛书有如下几个特点：

一是农民需要。结合新时代乡村振兴的特点，紧跟农民紧迫需要，普及知识政策与教育引导相结合。讲鼓励、扶持政策，也讲限制、禁止的法律法规。

二是方便实用。丛书采取一问一答的形式，立足于农民和农村基层党员干部、“三农”工作者的实际需求，方便随时查阅。每个主题又独立成册，有独立的逻辑框架，政策性、知识性和实用性、指导性相结合。

三是农民看得懂。通俗易懂，尊重农民和农村基层干部阅读习惯，提问精准，符合农民和农村基层干部实际需要，答问文字晓畅清晰、科学准确。

四是生动有趣。丛书面向全国读者，没有地域局限性，有典型案例或者视频介绍，帮助读者理解。

当然，鉴于时间和编者水平有限等因素，丛书难免有所错漏，欢迎广大读者批评指正。

丛书主编 何亚

2019 年 8 月

目 录

CONTENTS

第四章 防拐防骗防非法集资

第五章 防范与打击传销

第六章 禁止黄赌毒

第十章 仲裁与诉讼

第一章

建设平安乡村是实施乡村振兴战略的重要保障

1. 乡村振兴为什么离不开平安乡村建设?

建设平安乡村、法治乡村、安全乡村是全面实施乡村振兴战略、加强农村基层基础工作、构建乡村治理新体系、增加农民群众获得感、促进农村社会和谐稳定的重要基础性工作之一，也是加强和创新社会治理、维护社会和谐稳定、完善中国特色社会主义社会治理体系、努力建设更高水平的平安中国的重要领域。

《中共中央　国务院关于实施乡村振兴战略的意见》将建设平安乡村列为全面实施乡村振兴战略的重大任务之一，并明确提出“健全落实社会治安综合治理领导责任制，健全农村社会治安防控体系，推动社会治安防控力量下沉，加强农村群防群治队伍建设。深入开展扫黑除恶专项斗争。依法加大对农村非法宗教、邪教活动打击力度，严防境外渗透，继续整治农村乱建宗教活动场所、滥塑宗教造像。完善县乡村三级综治中心功能和运行机制。健全农村公共安全体系，持续开展农村安全隐患治理。加强农村警务、消防、安全生产工作，坚决遏制重特大安全事故。健全矛盾纠纷多元化解机制，深入排查化解各类矛盾纠纷，全面推广‘枫桥经验’，做到小事不出村、大事不出乡（镇）。落实乡镇政府农村道路交通安全监督管理责任，探索实施‘路长制’。探索以网格化管理为抓手，推动基层服务和管理精细化精准化。推进农村‘雪亮工程’建设”。

2019年的中央一号文件也明确要求“持续推进平安乡村建设。深入推进扫黑除恶专项斗争，严厉打击农村黑恶势力，杜绝‘村霸’等黑恶势力对基层政权的侵蚀。严厉打击敌对势力、邪教组织、非法宗教活动向农村地区的渗透。推进纪检监察工作向基层延伸，坚决查处发生在农民身边的不正之风和腐败问题。健全落实社会治安综合治理领导责任制。深化拓展网格化服务管理，整合配优基层一线平安建设力量，把更多资源、服务、管理放到农村社区。加强乡村交通、消防、公共卫生、食品药品安全、地质灾害等公共安全事件易发领域隐患排查和专项治理。加快建设信息化、智能化农村社会治安防控体系，继续推进农村‘雪亮工程’建设。坚持发展新时代‘枫桥经验’，完善农村矛盾纠纷排查调处化解机制，提高服务群众、维护稳定的能力和水平”。

2. 为什么说平安乡村建设是正确处理农村改革发展的底线和普遍性要求？

习近平总书记多次强调，“人民群众企盼生活幸福，幸福生活首先必须保证社会和谐稳定”，“抓经济促发展是政绩，抓稳定保平安也是政绩”，“富裕与安定是人民群众的根本利益，富民与安民是领导干部的政治责任”，“农村稳定是广大农民切身利益”。对于农村治安问题，他特别强调要推进平安乡镇、平安村庄建设，开展突出治安问题专项整治，引导广大农民自觉守法用法。习近平总书记要求全党上下务必保持清醒和坚定，牢固树立新的改革观、发展观和稳定观。在对待经济发展与社会稳定的关系方面，总书记特别强调平安的重要作用，他认为如果连平安都难以确保，也就难以实现发展和改革，必须坚持把平安作为改革发展的底线和普遍性要求。他明确指出，“要正确处理改革发展稳定的关系，既坚持稳定压倒一切的方针，又坚持发展这个第一要务”。“不能以为我们现在强调‘平安’，改革与发展就可以放松了；更不能以为在改革与发展的过程中出现了一些影响‘平安’的问题，就因噎废食，不事改革，不抓发展”。“如果不注重‘社会更加和谐’，就不可能实现更高水平的全面小康，更谈不上现代化。所以，我们一定要坚持‘两手过硬’，学会‘十指弹琴’，把促进社会和谐稳定放在十分突出的重要位置”。进入新时代，平安乡村建设正面临新形势、面对新挑战。如果社会治理跟不上经济发展步伐，各种社会矛盾和问题得不到有效解决，不仅经济发展难以为继，整个社会也可能陷入动荡。只有加快推进社会治理现代化，努力建设更高水平的平安中国，才能适应社会发展新形势，满足人民新期待。

3.“枫桥经验”对平安乡村建设有什么作用？

习近平总书记认为，“基层既是产生利益冲突和社会矛盾的‘源头’，也是协调利益关系和疏导社会矛盾的‘茬口’”。“各级党委特别是领导干部一定要认识到基层工作的极端重要性，认识到基层干部在整个党的事业中具有重要的战略地位，发挥着谁也替代不了的重要作用”。习近平总书记特别要求，推进平安中国建设，“关键在基层，关键在基础，关键在落实”。针对农村地域辽阔，农民居住分散，乡情千差万别的实际，农村社会管理需要加强和创新，加强和创新则“要以保障和改善民生为优先方向”，习近平总书记提出了“系统治理、依法治理、综合治理、源头治理”四大理念。在如何强化基层基础工作方面，习近平同志十分重视发掘“枫桥经验”的时代价值，强调要创新和推广“枫桥经验”。

20世纪60年代，浙江省诸暨市枫桥干部群众创造了“发动和依靠群众，坚持矛盾不上交，就地解决，实现捕人少、治安好”的“枫桥经验”。“枫桥经验”最显著的特点“就是抓基层、打基础，依靠广大干部群众，就地解决矛盾纠纷”。习近平总书记要求各级党委、政府和部门牢固树立固本强基的思想，进一步总结、推广和创新“枫桥经验”，把创新发展“枫桥经验”作为总抓手，贯穿于平安中国建设始终，坚持统筹兼顾，治本抓源，进一步强化基层基础工作，正确处理人民内部矛盾，努力减少、化解矛盾纠纷。

4. 为什么说法治乡村是建设平安乡村的内在需求？

中共中央、国务院印发了《乡村振兴战略规划（2018—2022年）》，明确提出要“深入开展‘法律进乡村’宣传教育活动，提高农民法治素养，引导干部群众尊法学法守法用法。增强基层干部法治观念、法治为民意识，把政府各项涉农工作纳入法治化轨道”。要“在农村广泛开展防灾减灾宣传教育”。这也是培养新型职业农民、加强农村专业人才队伍建设的内在需求。

第二章

扫黑除恶

5. 农村扫黑除恶专项斗争有什么特点？

中共中央第十九届中纪委二次全会公报提出，要坚决整治群众身边的腐败问题，把惩治基层腐败同扫黑除恶结合起来，坚决查处涉黑“保护伞”。2018 年 1 月 24 日，中共中央、国务院联合发布《关于开展扫黑除恶专项斗争的通知》，要求中共各级党委和政府将扫黑除恶专项斗争作为一项重大政治任务。农村扫黑除恶专项斗争有如下几方面的特点：

（1）这次“扫黑”，重视程度前所未有。2018 年年初，中共中央、国务院发出《关于开展扫黑除恶专项斗争的通知》，决定整合多部门力量，集党和国家之力，在全国开展扫黑除恶专项斗争。

（2）把扫黑除恶与反腐败斗争和基层“拍蝇”结合起来，治理党员干部涉黑涉恶问题，深挖黑恶势力背后的“保护伞”。该通知中要解决的第一个问题就是农民反映强烈的“保护伞”问题。国家态度很明确，不管是村干部还是上级干部，只要有人敢充当基层村干部或者是“村霸”的“保护伞”，损害农民合法权益，就必须追究。不仅要追究，还要顺藤摸瓜，深挖“保护伞”，严厉查处，并且要一查到底，绝不姑息。

（3）优先处理民怨积深的地区。国家的这次扫黑除恶专项行动目的很明确，针对农民反馈较多、情况较严重的农村地区将优先查处，对涉及贪腐或是侵占农民财产的村干部，将采取紧急措施，如查封账户、冻结资产的方式对其进行经济控制，配合后期调查。情况一旦落实属实的，还将没收财产追究法律责任。

（4）整顿软弱涣散的基层党组织，严防黑恶势力侵蚀基层政权，为铲除黑恶势力滋生土壤提供坚强的组织保证。中央要求“把扫黑除恶和加强基层组织建设结合起来，既有力打击震慑黑恶势力，形成压倒性态势，又有效铲除黑恶势力滋生土壤”。

（5）落实领导责任制、建立追责机制、健全监管机制。针对农民担心的敷衍了事的情况，国家规定：在“村霸”贪官以及涉黑涉恶问题严重的地区，落实领导责任制，负责日常监督，一旦发现问题更加严重，对负责人进行问责。这次扫黑除恶行动已建立追责机制，责任到人。在整顿完成的地区，如果责任人不作为或者隐而不报，将直接处置相关责任人。各部门、地方应当齐抓共管，发现监管漏洞及时通报，不断健全监管机制。

（6）多部门协调，狠抓每个关键点。为了避免单个部门行动，监管缺失或者是人员、精力不足的情况，国家要求多部门联动，狠抓行动中的所有关键点，对所有的关键点都要追究到底，直到有结果为止。

（7）建立完善群众举报奖励政策。不管是群众举报黑恶势力的行为，或者村民举报“村霸”、贪污、渎职行为，都可以通过电话进行举报，一经查实可以获取10 万 ~ 50 万元不等的奖励。

6. 如何认定黑势力？

根据2002年4月28日第九届全国人民代表大会常务委员会第二十七次会议通过的解释，“黑社会性质的组织”应当同时具备以下特征：

（1）形成较稳定的犯罪组织，人数较多，有明确的组织者、领导者，骨干成员基本固定。

（2）有组织地通过违法犯罪活动或者其他手段获取经济利益，具有一定的经济实力，以支持该组织的活动（以“黑”护商，以“商”养黑）。

（3）以暴力、威胁或者其他手段，有组织地进行违法犯罪活动，为非作恶，欺压、残害群众。

（4）通过实施违法犯罪活动，或者利用国家工作人员的庇护或纵容，称霸一方，在一定区域或者行业内，形成非法控制或者重大恶劣影响，严重破坏经济社会发展秩序以及百姓生活，造成一定的社会恐惧感。

7. 如何认定恶势力？

恶势力是指以暴力、威胁、滋扰等手段，在一定区域或行业内多次实施违法犯罪活动，严重扰乱经济、社会生活秩序，造成恶劣影响的犯罪组织。根据法学家的解释，“恶势力”应当同时具备以下几个特征：

（1）具有一定的组织形式，人数较多（一般为3人或3人以上），有相对明确的组织者或首要分子，骨干成员基本固定。

（2）在一定区域或行业内，多次（一般为5起或5起以上）以暴力、威胁、滋扰等手段，有组织地实施敲诈勒索、强迫交易、聚众斗殴、寻衅滋事、故意伤害、组织容留妇女卖淫等违法犯罪活动，具有一定的公开性和暴力性。

（3）严重扰乱一定区域或行业的经济、社会生活秩序，造成恶劣的社会影响。

（4）一般无合法经济来源，经济实力较弱，没有大的经济实体，“保护伞”和“关系网”不明确，或层次较低。

8. 黑恶势力性质违法犯罪的表现主要有哪些？

（1）农村地区把持和操纵基层政权、侵吞农村集体财产的“黑村官”及幕后推手；横行乡里或利用家族、宗族势力称霸一方的“村霸乡霸”；采取贿赂、暴力、欺骗、威胁等手段干扰破坏农村基层换届选举的黑恶势力，以各种名义在征地租地过程中煽动群众闹事、组织策划群体性上访的黑恶势力。

（2）强占各类农贸市场，欺行霸市、强买强卖、敲诈勒索、聚众滋事，侵害群众利益的各类“菜霸”“行霸”“市霸”等黑恶势力。

（3）在建筑工程、交通运输、仓储物流等领域强揽工程、强立债权、恶意竞标、强迫交易、非法垄断经营、收取“保护费”、破坏经济秩序的黑恶势力。

（4）群众反映强烈的涉嫌高利贷非法讨债，以及采取故意伤害、非法拘禁、威胁恐吓等手段暴力讨债，或插手经济纠纷的“讨债公司”“地下出警队”“职业医闹”等黑恶势力。

（5）在乡村、城郊、居民社区、娱乐场所，有组织地从事涉“黄、赌、毒、枪”的违法犯罪活动，严重败坏社会风气、危害社会治安的黑恶势力。

（6）对矿产资源进行私挖滥采和组织渔船越境捕捞的违法行为，以及在滩涂养殖中由于划地为界、码头“扒皮”等行为滋生的“矿霸”“船霸”“渔霸”等流氓黑恶势力。

（7）由黑恶势力操控的“黑导游”，及其引发的强买强卖、寻衅滋事、敲诈勒索等违法犯罪活动。

（8）以高薪引诱招募船员实施欺骗、敲诈勒索、强迫劳动等违法犯罪活动。

（9）拉帮结派、寻衅滋事、打架斗殴、强拿硬要、称王称霸等破坏一方秩序、带有黑恶势力性质的帮派势力。

（10）其他涉黑恶违法犯罪线索。

9. 如何认定“村霸”?

（1）横行乡里，称霸一方，严重干扰破坏村民正常生产生活秩序的。

（2）无事生非、无理取闹、打架斗殴、聚众闹事，危害农民群众利益，群众不敢惹、乡村干部不敢管的。

（3）倚强凌弱、强拿强要、强买强卖，欺行霸市或坐地纳贡、结伙哄抢的。

（4）有组织、有固定成员，进行违法犯罪活动，扰乱和危害农村社会治安秩序，严重影响农村社会稳定的。

（5）对乡村干部不满，寻衅滋事、无理取闹，或者依仗其家族、亲属势力或利用其物质财富操纵农村基层组织选举的。

（6）诬告陷害，利用热点难点、矛盾纠纷煽动群众，操纵闹事，破坏农村安定团结的。

（7）受雇于人、充当打手，残害无辜的。

10. 如何认定黑恶势力“保护伞”?

所谓黑恶势力“保护伞”，主要是指国家公职人员利用手中权力，参与涉黑涉恶违法犯罪，或包庇、纵容黑恶犯罪，有案不立、立案不查、查案不力，为黑恶势力违法犯罪提供便利条件，帮助黑恶势力逃避惩处等行为。国家公职人员充当黑恶势力“保护伞”的，将依纪依法追究党纪政务责任，涉嫌犯罪的，依法追究刑事责任。公民或者个人以黑恶势力“保护伞”的名义捏造事实，对办案人员进行诬告、陷害、打击报复的，也要受到法律处罚。

11. 如何举报黑恶势力？

举报方式主要有：电话举报、网上举报、信件举报和当面举报。

电话举报：警方举报电话为110，纪委监察委举报电话为12388。广东省扫黑除恶专项斗争领导小组办公室举报方式如下：

单位名称	举报方式
省扫黑除恶办	邮寄地址：广州市越秀区合群三马路省委大院。 邮编：510080
省纪委	邮寄地址：广州市越秀区合群三马路省委大院。 邮编：510080 举报电话：020－12388
省委组织部	邮寄地址：广州市越秀区合群三马路省委大院。 邮编：510080 举报电话：020－12380

（续表）

单位名称	举报方式
省高级人民法院	邮寄地址：广州市天河区员村一横路9号。 邮编：510655 举报电话：020－85110323
省人民检察院	邮寄地址：广州市珠江新城华强路6号。 邮编：510000 举报电话：020－12309
省公安厅	举报电话：020－12389 邮箱：gdshce@163．com 邮寄地址：广州市黄华路97号省公安厅扫黑办。 邮编：510050
省民政厅	举报电话：020－12349 邮寄地址：广州市越华路118号。邮编：510030
省司法厅	举报电话：020－86359965 邮寄地址：广州市白云区政民路51号。邮编：510405
省自然资源厅	举报电话：020－12336 邮寄地址：广州市天河区体育东路160号。 邮编：510620
省住房和城乡建设厅	举报电话：020－83133551 传真：020－83302269 邮寄地址：广州市越秀区东风中路483号粤财大厦。邮编：510045

（续表）

单位名称	举报方式
省交通运输厅	举报电话：020－83730674 电子邮箱：saohei@ gdcd. gov. cn 微信公众号：广东交通执法 信箱：广州市白云路27号广东省交通运输厅扫黑除恶专项斗争办公室
省市场监督管理局	邮寄地址：广州市天河区黄埔大道西363号。 邮编：510620 举报电话：020－87512303

12. 农民朋友如果遇到警察执法，应如何配合？

（1）配合警察接受证件检查。配合人民警察依法查验居民身份证是公民的法定义务。遇到民警出示人民警察证等证件后，要求查验公民身份时，要主动出示身份证并配合查验。没有随身携带居民身份证的，可以提供机动车驾驶证、护照等有效证件证明身份，也可以报出自己的公民身份号码、姓名等信息，提供民警查验。公民如果认为民警执法不规范，可以向公安机关警务督察部门举报，也可以拨打110投诉，还可以通过法律途径维护自身的权益。

（2）不得阻碍或使用暴力方法阻碍人民警察正常执法。《中华人民共和国人民警察法》第三十四条规定：人民警察依法执行职务，公民和组织应当给予支持和协助。根据《中华人民共和国治安管理处罚法》第五十条规定，阻碍国家机关工作人员依法执行职务的，处警告或者二百元以下罚款；情节严重的，处五日以上十日以下拘留，可以并处五百元以下罚款。根据《中华人民共和国人民警察使用警械和武器条例》第七条规定，以暴力方法抗拒或者阻碍人民警察依法履行职责的，经警告无效的，可以使用驱逐性、制服性警械。《中华人民共和国刑法》第二百七十七条第一款规定：以暴力、威胁方法阻碍国家机关工作人员依法执行职务的，处三年以下有期徒刑、拘役、管制或者罚金。

（3）配合警察调查取证。《中华人民共和国刑事诉讼法》第六十二条规定：凡是知道案件情况的人，都有作证的义务。

（4）据实举报的义务。群众举报应实事求是，应如实提供被举报人的姓名、单位和违法犯罪事实；不得捏造事实，伪造证据，诬告陷害他人。

（5）配合警察盘问检查的义务。《中华人民共和国人民警察法》第九条规定，为维护社会治安秩序，公安机关的人民警察对有违法犯罪嫌疑的人员，经出示相应证件，可以当场盘问、检查；经盘问、检查，有下列情形之一的，可以将其带至公安机关，经该公安机关批准，对其继续盘问：①被指控有犯罪行为的；②有现场作案嫌疑的；③有作案嫌疑身份不明的；④携带的物品有可能是赃物的。

（6）配合传唤与强制传唤的义务。《中华人民共和国治安管理处罚法》第八十二条规定，对现场发现的违反治安管理行为人，人民警察经出示工作证件，可以口头传唤，但应当在询问笔录中注明。对无正当理由不接受传唤或者逃避传唤的人，可以强制传唤。

（7）配合警察检查搜查的义务。《中华人民共和国治安管理处罚法》第八十七条规定，公安机关对与违反治安管理行为有关的场所、物品、人身可以进行检查。对确有必要立即进行检查的，人民警察经出示工作证件，可以当场检查。

（8）配合警察检验检测的义务。《中华人民共和国道路交通安全法》第八十七条规定，公安机关交通管理部门及其交通警察对道路交通安全违法行为，应当及时纠正。《中华人民共和国道路交通安全法实施条例》第一百零五条规定，机动车驾驶人有饮酒、醉酒、服用国家管制的精神药品或者麻醉药品嫌疑的，应当接受测试、检验。

（9）配合警察采取保护性约束措施的义务。《中华人民共和国治安管理处罚法》第十五条规定，醉酒的人在醉酒状态中，对本人有危险或者对他人的人身、财产或者公共安全有威胁的，应当对其采取保护性措施约束至酒醒。

（10）配合交通管制的义务。《中华人民共和国人民警察法》第十五条规定，县级以上人民政府公安机关，为预防和制止严重危害社会治安秩序的行为，可以在一定的区域和时间，限制人员、车辆的通行或者停留，必要时可以实行交通管制。

（11）配合现场管制的义务。《中华人民共和国人民警察法》第十七条第一款规定，县级以上人民政府公安机关，经上级公安机关和同级人民政府批准，对严重危害社会治安秩序的突发事件，可以根据情况实行现场管制。第二款规定，公安机关的人民警察依照前款规定，可以采取必要手段强行驱散，并对拒不服从的人员强行带离现场或者立即予以拘留。

（12）配合警察入户搜查的义务。有权搜查的人员是经合法授权或批准依法对刑事案件执行侦查、预审等任务的公安机关和国家安全机关的侦查人员以及人民检察院自行侦查案件的侦查人员。

被搜查的刑事对象是犯罪嫌疑人以及可能隐藏罪犯或者证据的人，被搜查的民事对象是民事被执行人不履行法律文书确定的义务并隐匿财产的人。

警察搜查的合法程序：①进行搜查，必须向被搜查人出示搜查证，执行搜查的侦查人员不得少于二人；②应当有被搜查人或者他的家属、邻居或者其他见证人在场；③搜查时，不得无故损坏被搜查人的财物。对搜查中发现的与案件无关的个人私生活情况，不得泄露；④搜查的情况应当写成笔录，由侦查人员和被搜查人或者他的家属、邻居或者其他见证人签名或者盖章。如果被搜查人或者他的家属在逃或者拒绝签名、盖章，应当在笔录上注明。

13. 农民朋友配合警察执法检查有什么权利？

公民在遇到人民警察执法检查时，有权利要求警察公示人民警察证。便衣警察应主动出示人民警察证，着装警察可以不出示，但执法对象有要求时，应该出示。对于执法对象出示身份证并排除违法犯罪嫌疑的，要礼貌放行。

《中华人民共和国人民警察法》第三十四条规定，公民和组织协助人民警察依法执行职务的行为受法律保护。对协助人民警察执行职务有显著成绩的，给予表彰和奖励。

14. 旁观民警执法可否拍摄照片视频？

对交警道路交通执法、民警治安巡逻、一般性执法等公开执法，群众可以拍摄，但拍摄者不得干扰民警执法，也不得影响他人正常的工作、学习和生活。拍摄者与现场需保持一定的安全距离，一般情况下应保持 3 米以上距离，最近不能少于两臂距离（约 1.5 米），不得越过警戒线拍摄，不得进入巡逻检查中心区域进行拍摄。以下四种情形则不可以拍照、摄像：

（1）拍摄行为影响到警察、救护人员的正常履职。

（2）暴恐、反扒、缉毒、凶杀等涉及敏感案件和国家安全案件的处置现场。

（3）负责禁毒、反扒、重大刑事案件侦办的便衣民警的正面形象。

（4）涉及案件当事人隐私和未成年人的案件的办理现场。

对涉及上述不适宜拍摄情形的，公安民警应告知围观群众不要拍照、摄像，必要情况下还要划定警戒区、拉设警戒带，围观人员应当服从、配合公安民警的现场管理。已经拍摄的图像、视频资料，应当主动删除、销毁或者上交公安机关，如果擅自传播造成严重后果的，将承担法律责任。

15. 农民朋友发现犯罪行为或线索时如何报案？

公民发现犯罪行为或线索时，应及时向有关部门报案、控告和举报。

报案是指发现犯罪事实的人或者单位向有关司法机关报告，在报案时报案人一般只知道犯罪事实并不知道犯罪嫌疑人。报案一般有两种情形，一种是报案人与案件事实有直接关系，报案人本身就是被害人；另一种是报案人与案件没有直接关系。

控告内容较详细，一般都会涉及事实和行为人的情况。控告是有明确的指控对象，就是知道犯罪事实和犯罪嫌疑人。

举报一般是举报人对可能存在的违法、渎职行为和行为人向有关机关检举揭发。只要公民发现有犯罪事实或者犯罪嫌疑人，都可以向有关机关举报。举报是知道犯罪事实和犯罪嫌疑人的。

所以，在发现犯罪行为后，可根据具体情况向公安机关报案、控告和举报。

报案的形式包括书面和口头两种。公民在报案时，可以自己去，也可以打电话或者写信。

司法机关的工作人员在接到公民或者单位的报案后，不管是书面的还是口头的，都会记录在案并确认。对记录确认无误后，报案的人要签名或者盖章。

第三章 防盗防抢

16. 农民家中日常如何防贼?

（1）慎放现金。家中最好不要存放大笔现金及贵重物品，即使存放也应放在不引人注意或不易被发现的地方。

（2）证卡分离。存折、信用卡不要与居民身份证、户口簿等放在一起，防止盗贼利用证件提取存款或变卖贵重物品。

（3）管好钥匙。钥匙要随身携带，防止他人偷配钥匙。新居装修完施工队退场后、租他人住房入住后、钥匙丢失后，都要及时更换大门锁芯。

（4）不露痕迹。外出时间较长时，应请亲友、邻居照应，清理掉门上插的宣传单、小广告和张贴物，不要暴露屋内长期没有人的迹象。也可以采用定时开关的灯，遵循日常作息规律开关，让盗贼以为有人在家，他们一般不愿多冒险。

（5）慎重求助。需要求助开锁，不要图方便找牛皮癣广告，最好找于公安备案的开锁单位开锁。

17. 如何防范入室盗窃?

第一，要增强防盗意识。

（1）出门务必关好门窗，反锁防盗门，不将钥匙存放在门前脚垫下、花盆里等自以为安全的地方。

（2）家中不要存放大量现金及贵重物品，存折、贵重物品不要与户口簿、居民身份证放在一起。

（3）楼内发现可疑人员，应提高警惕，核实身份。

（4）夜晚睡前务必从室内用钥匙反锁防盗门，并将钥匙与锁孔处于垂直状态，可减少被技术开锁入室盗窃风险。

（5）夜晚睡觉不要将放有钱包的外套、手提包放置在室内靠窗的醒目位置，谨防被钓鱼盗窃。

（6）发现家中门前有新出现不明符号要提高警惕，严防是犯罪分子踩点后留下的记号。

（7）邻里相互守望，遇可疑情况互相提醒，遇到危险互相帮助。

第二，要加固防范设施。

（1）要在入户大门外加装防盗性能好的防盗门锁，窗户、阳台应安装防盗护栏。

（2）底层住宅的围墙上，应加插碎玻璃或安装铁栅，防止翻墙入室。

（3）在可攀爬上楼的关键位置应加装专业“防爬刺”。

（4）家中的厨房排风扇口和卫生间的通气窗往往是犯罪分子选择的入口，应加固防撬设施。

（5）有条件的家庭应考虑安装门磁开关、电子狗、入侵探测器等家用技防设施。

18. 如何防范入室抢劫?

（1）树立高度的安全防范意识，做到有备无患。

（2）家中准备必要的安全防范器材。要准备防身辣椒水喷射器、犬兽驱散喷射器、催泪喷射器、滑油器、清洁器等，放在家中顺手可取的位置，以备发生险情时第一时间封住歹徒的眼睛，实施“一招制敌”；也可以准备棒球棍，或顺手使用的工具等，放在家中歹徒不易发现的地方，如果反击条件具备，可以使用防卫工具反击歹徒；夜间睡觉时，最好把防卫器材放在床头边，当发现歹徒入室时，以备方便反击。

（3）夜间厨房刀具要隐蔽存放。夜间进入居民家盗窃的歹徒一般不随身携带凶器，都是入室后，先到厨房拿到菜刀等刀具再实施盗窃。当居民发现入室盗窃歹徒进行制止时，歹徒就会持刀威胁抢劫，甚至持刀杀人抢劫。

（4）窗外发现可疑人员时要引起警觉。睡觉前要将门内锁锁上，将窗户关好，把窗帘拉上，如发现有可疑人员在屋外徘徊，不可贸然开门出屋，必要时可拨打 110 报警。

（5）房门钥匙不能随便给外人使用。如果因装修等原因，房门钥匙给外人使用过，为安全起见，应该换锁。不要将房门钥匙随便交给钟点工或其他陌生人，防止被心存不良的人偷配钥匙实施犯罪活动。

（6）陌生人敲门时不要立即开门。在遇到陌生人上门送货、送邮件、送花、抄表等要求开门时，要多加小心，在弄清对方身份后，方可开门，防止遭到突然入室抢劫。

（7）遇到突然停电，不要立即出门查看。如果自家电表安装在室外，遇到突然断电时，应该先查看邻居及前后楼房住户是否断电，在断定屋外没有危险或可疑人员的情况下，才可出门查看。防止歹徒利用断电，引诱你开门查看的手段实施入室抢劫。

（8）进入自家单元或住处前要观察身后有无可疑人员。在外办事回到住处，或下班回家进入单元前要注意身后有无可疑人员跟踪，若发现有人鬼鬼祟祟跟踪，不可立即开门回家，应前往有人的地方进一步观察跟踪人员的行动，必要时可拨打 110 报警，确定安全时，再开门进屋。

（9）发现家门锁或屋内有异样时不要贸然进屋。如果回家时，发现门锁坏了、门开着、窗户被人打破，或者屋内有声响，不要贸然进入屋内，如果被歹徒发现，可佯装自己找人，找借口自然离开，之后，迅速向邻居求助并报警。

（10）突遇入室歹徒要机智周旋。在家中遇到歹徒，尽可能地不要与歹徒近身搏斗，因为歹徒入室盗窃如果准备了凶器带在身上，近身与歹徒搏斗很容易伤害到自己。当发现歹徒在屋内，要想办法报警；或者迅速打开门窗大声呼喊，吓走歹徒；或者设法向外面求助，让邻居及行人知道自己的处境。如果有把握，可使用防卫工具狠击歹徒。《中华人民共和国刑法》规定：正当防卫，不负刑事责任。

（11）夜间发现歹徒入室盗窃不要惊慌。如果半夜听到有人入室，首先要镇定，不要轻易让入室盗窃歹徒发现你醒来，否则，会对自己和家人的生命安全造成威胁。当你听到歹徒入室时，最好的办法就是想出恰当对付歹徒的方法。例如，可以采取发出声响、呼叫家人等方法吓退歹徒，因为大多歹徒会因不愿发生正面冲突而逃离。当一个人独住时最好是安静躺在床上想好反击方法再行动，防止穷凶极恶的歹徒萌生歹意伤害自己。总之，要量力而行。发现歹徒入室，最好在不惊动歹徒的情况下拨打 110 报警；或者歹徒离开室内后，悄悄跟踪歹徒报警。实在不能避免与歹徒发生冲突，使用防卫工具进行防卫是最后的选择。

（12）房屋出租或出售不要单独约见求租或求购人。如果有房子出租或出售，在客户看房时，不要独自领人看房，可要求中介、朋友或家人陪同，防止被歹徒以看房的名义诱骗入室抢劫。

（13）不要随便约不熟悉的朋友，尤其是网友到家里。

（14）待人接物不宜露富，切记“财不外露”。

（15）是预约客人到家里来应让家人心中有数。预约了访客或送货者，在你外出时，要给家里老人、孩子或保姆交代清楚，或者留下你的电话，以备在访客或送货者上门时，家里人对上门者身份进行查验。

19. 乘坐农村客运公交如何防小偷?

第一，哪些位置容易被偷?

（1）前后车门。上下车拥挤，车门处是扒手最喜欢下手的位置，且容易快速下车撤离。扒手会故意制造身体接触。如果是团伙作案，会有人故意在车门处制造拥堵，如说自己上错车了，或者在后车门处下车时说自己东西掉了弯腰去捡，以便为同伙扒手创造行窃机会。

反扒妙招：排队上车，不要拥挤尤其是人多的时候，切不可为了抢座位而掉进扒手制造的陷阱里，对于故意接近你的人要多加注意。

（2）过道。站满人的车厢过道和靠过道的座位，不论车前车后都是扒手作案的理想场所。人多时，身体的接触可以有效掩护扒手的动作。

反扒妙招：人多时，最好腾出一只手护住自己的挎包，斜挎包要放在自己胸前位置，使其处于自己的视线范围内。后裤袋和上衣口袋不要放钱。

（3）倒数第二排。很多人以为靠窗座位最安全，扒手不便作案，于是容易放松警惕。其实，后排倒数第二排也是扒手最爱下手的位置。扒手坐在最后一排，利用椅背的掩护很容易就下手。

反扒妙招：坐在倒数第二排位置的人最好把手提包放在双腿上，靠窗的手臂尽量挡住车窗与椅背的空隙。

第二，如何听懂司机的暗示？

由于熟悉常跑线路上扒手的特征，公交司机常常能认出扒手，尽可能地提醒乘客，但过于明显的提醒容易招致扒手的报复，因此司机常常会暗示。比如，“乘客请往里走”——车厢明明很空，这意味着你身边很可能有扒手。“这名乘客你上车投币了没有”——这样提醒好几遍，说明扒手很可能已经盯上你了。

此外，如果公交司机突然紧急刹车，或者突然停车但是不开车门，很可能是扒手已经得手，司机准备悄悄拨打110报警。

20. 日常外出如何防盗？

（1）门窗关好，钥匙放好。外出或者睡觉时，一定要把门反锁好，窗户关好，钥匙要随身放，不要将钥匙放在门外窗台或者易暴露的地方，一旦发现钥匙遗失，要及时换锁。

（2）钱物分开放。在外出时，最好事先准备点零钱，与钱包分开放，不要轻易将钱财外露。在公交车、超市等场所，尽量避开拥挤人群，乘公交车时不要打瞌睡，多留意身边挤来挤去的人。

（3）将财物放置在控制区域。不要将钱物放在外衣口袋，要将手机、钱包等放在身前。民警推荐的拎包方法是将包抱到前面，拉链也要在前方。如果拉链在后方，容易被扒手跟踪盗窃。如果是双肩背包，也建议背在前面。如果发现有人碰撞，或是故意紧挨着你站着，要及时移动地方。另外，若不是急需用钱，不要将大量现金放在身上或者家中，并且要保管好存折。

（4）遇到扒窃沉着应对。遭扒窃时，一定要镇静，冷静处理。若周围有很多群众，在确保安全的情况下可大声疾呼，向周围群众求助。

（5）积极配合警方。若是遭遇扒窃，应积极就近到公安机关报案，配合警方调查。小偷虽然狡猾，但终究有迹可寻，一旦事主报案、群众提供线索，小偷将难逃法网。

21. 节假日回老家如何保安全？

（1）购票时防骗、防扒窃。旅客外出乘车购票时要统一到购票窗口买票，不要从陌生人手上购买车票，以免买到假票或废票。在购票前要备好足够的零钞，将钱揣在手里。钱包、手机不要放在外衣口袋和背挎的包内，防止被扒手假借拥挤进行“掏包”。

（2）在外莫凑热闹。有热闹事最好不要围观，因为此时人多，有的热闹事可能就是扒手故意制造的，扒手其实就混在人群当中，趁机寻找作案的目标，如果精力不集中很容易就被盗窃。

（3）看管好行李防掉包。随行物品要集中摆放，旅途中不要频繁挪动行李物品，以免拿错或丢失，在挪动行李物品时要注意周围的可疑情况，不让扒手有机可乘。

（4）预防途中被诈骗。诈骗者大多结伙作案，地点通常是在长途汽车上。先是一人冒充外地人或者农民，拉开易拉罐称中奖了，但他没时间前去领奖。然后其他骗子上前花言巧语要你一起用身上的钱去换取易拉罐大奖，从而骗走你的钱款。

（5）车站防中奖诈骗。骗子会主动上前与你搭讪，向你介绍他们是某某厂家正在搞活动，并免费赠送你一些廉价的衣服，打包装时，一张中奖的票据就会掉出来，“奖品”是价值不菲的促销产品，购买后你会发现几百元买来的促销产品一文不值。

（6）长时间乘车莫麻痹大意。如果夜间火车或长途车中途停车，要随时留心自己的行李，因为此时正是扒手活跃的时候。乘火车坐硬座时，随身的行李物品要放在自己视线范围内的行李架上，防止“拎包贼”作案。

（7）不要透露家庭信息防诈骗。出门在外，应当多长几个心眼，记住不要随意与陌生人搭讪，更不要轻易向陌生人透露家庭信息和联系方法，以免给不法之徒留下可乘之机。当自己的亲人出门在外，其家人若接到“报凶”电话，如出车祸求助、患急病住院等要求立即汇款给指定账户，这时要冷静下来，问清详细情况，最好是通过来电显示等方法查明来电号码，或许可以从电话号码所代表的区域等看出破绽，不可以因惊慌失措而急着汇款。当然，如果能够想办法与自己出门在外的亲人取得联系，那就再好不过了，这样马上就能识破骗局。如果无法联系，而又难以判断事情的真假，可以向当地警方报告，求得当地警方的帮助，与事发地警方联系查询；也可查报信人称的医院的电话号码，通过院方了解情况，相信事情的真相很快就能弄清，以避免钱财被骗。

（8）如果意外被偷被抢，要视情况而决定怎么做。如果周围人很多，可大声呼救，在大家的帮助下夺回自己的财物，并把偷盗者移送到公安机关。如果独自外出，歹徒又使用暴力、胁迫的手段，最好的方法是先记住嫌疑人的特征，然后把随身物品、值钱的东西扔出去，以保证自己的安全，接下来还要看清歹徒逃跑的方向，及时报警，协助公安机关将歹徒绳之以法，以追回自己的财物。

（9）如果遇到“碰瓷”无赖讹诈，要灵活应对并伺机报警。外出遇到无赖突然“摔倒”在你车前，谎称是你把他撞倒，要求你赔偿医药费，或是他故意与你迎面相撞，将所谓的一瓶“贵重药品”、手机等物品摔碎在地，让你赔偿时，你不必跟他争吵，你可以称自己身上没有带钱，要求他和你回住处取等方法与之周旋，并伺机向附近的派出所报案。

（10）勿中“套熟”“套老乡”的圈套。无论在车上还是在车站候车室，都勿轻易相信“套熟”“套老乡”的花言巧语。上厕所或办事时，不要将行李留给陌生人照看，不接受别人馈赠的香烟、饮料等。

22. 如何防范飞车抢夺？

（1）在公共场合不要“露财”。飞车抢夺的目标，多是外露的财物，多是单身行走的群众。这一点女士尤其要注意，上街时提包内不要装大量的现金、有价证券、手机等贵重物品，或者佩戴金银首饰在机动车道路上行走。财物装在里面的衣服口袋里比较安全。骑自行车或电瓶车的同志，尽量不要在自行车筐内放置贵重物品，要注意对自行车筐内物品的看管，细心观察周围环境及骑摩托车飞速行驶的人。

（2）在街上停留和行走时要提高警惕。尽量不要手持提包在灯光较暗、偏僻路段的路口停留较长时间，在通过这些路口时要多观察骑摩托车的人的可疑动向。在街上行走的时候，要选择靠近人行道内侧，不要太靠近机动车道，以防被抢。遇陌生人打招呼时，要注意自己身上的物品。有摩托车无故靠近时，要注意查看车上的人。横过马路如发现两人共骑一辆无牌摩托车在周围游荡，要多加防备。行走中听到有摩托车从背后冲驶而来，要警觉避让。

（3）要养成良好的背包、放包习惯。若在人行道行走，所背挎包应尽可能选择交叉挎包，随身提包应尽可能提在身体靠路旁的一侧，并让挎包、提包置于身体前；若骑自行车或机动车时在车筐里放包，最好用夹子将包带和车筐夹牢固定，或把包带在车头架上多绕几圈，也可在车筐上加装盖子，再加一把锁具。

（4）路遇飞车抢夺不要慌，冷静反应速报警。若遇到飞车抢夺，不要惊慌失措，在确保自身安全的情况下，要最大限度地记住犯罪分子的体貌特征、所乘车辆的特征及其逃跑方向，尽快报警，提供的特征越多越好，这些都是破案的重要线索。

23. 如何防止摩托车、电动车被偷？

（1）停车应随时注意把自己的车锁好。

（2）要选择一把好锁。锁应该能整体防锯，防大力钳，防大锤砸。锁心防仿齿钥匙，防绞刀转。

（3）用U型锁锁轮胎时，锁不要放在地上，轮胎尽可能离地面高些；用碟刹锁锁车时，尽量把碟锁往里放；用链锁时，如果用8字旋转锁法，最好是两条来回链缠绕在一起。

（4）经常放车超过一小时应尽量配两把锁，一U型锁、一链锁，或一碟锁、一链锁。有车库的应尽量在车库门后放一个震动报警器。

24. 农村治安防控体系有什么特点？

社会治安综合治理，是在党委、政府统一领导下，在充分发挥政法部门特别是公安机关骨干作用的同时，组织和依靠各部门、各单位和人民群众的力量，综合运用政治的、经济的、行政的、法律的、文化的、教育的等多种手段，通过加强打击、防范、教育、管理、建设、改造等方面的工作，实现从根本上预防和治理违法犯罪，化解不安定因素，维护社会治安持续稳定的一项系统工程。

农村治安防控体系建设将以网格化管理、社会化服务为方向，健全基层综合服务管理平台，推动社会治安防控力量下沉。通过将人、地、物、事、组织等基本治安要素纳入网格管理范畴，做到信息掌握到位、矛盾化解到位、治安防控到位、便民服务到位。因地制宜确定网格管理职责，纳入社区服务工作或群防群治管理，通过政府购买服务等方式，加强社会治安防控网建设。整合各种资源力量，逐步在乡镇

（街道）推进建设综治中心，村（社区）以基层综合服务管理平台为依托建立实体化运行机制，强化实战功能，做到矛盾纠纷联调、社会治安联防、重点工作联动、治安突出问题联治、服务管理联抓、基层平安联创。到2020年，实现县（市、区）、乡镇（街道）、村（社区）三级综合服务管理平台全覆盖。深化社区警务战略，加强社区（驻村）警务室建设。将治安联防矛盾化解和纠纷调解纳入农村社区建设试点任务。

25. 村治安联防队有哪些职责？

（1）预防、控制各种违法犯罪活动。通过治安巡逻、入户宣传安全防范知识，预防和遏制各种犯罪活动，使多发性的盗窃、抢劫等犯罪活动得到遏制。发现违法犯罪行为，要在确保自身安全的前提下，迅速报派出所处理。

（2）预防、协助治安灾害事故。及时排查和发现治安灾害事故隐患，一旦发现，应迅速控制和及时报警，并协助处理或消除。

（3）预防、举报违反治安管理的行为。注意发现、掌握“黄、赌、毒”等违法违规情况，对掌握的确切的信息和情况，在确保自身安全的情况下，及时盘问、查询，对确有疑点的人员，报派出所处理。

（4）配合做好辖区内纠纷排查工作。

（5）保护现场和协助查破。当接到或发现本辖区的刑事法案的信息或情况后，应迅速报警，并及时做好发案地点的现场保护工作，协助公安部门查破案件。

（6）帮助群众解难救危。要树立全心全意为人民服务的思想，积极帮助群众排忧解难。如遇危难呼救时，迅速报警处理，在确保自身安全的前提下，挺身而出，及时予以解救。

（7）积极配合完成上级交办的任务。

26. 联防队员履行职责时要注意什么问题？

联防队员不准超越职权行使逮捕、拘留、审讯、传唤和决定治安处罚的权利；对查获的赃款、赃物、凶器、违禁物品、群众拾交物品等必须上交公安机关。在处理违法事件中，不准打人、骂人、体罚；不准侵犯群众利益；不准承担维护治安以外的其他工作任务。

第四章 防拐防骗防非法集资

27. 如何有效预防儿童被拐卖?

（1）教孩子牢记自己家在哪。孩子不仅要记住自己父母的名字，还要记住自己的县区、村社名字和门牌号。

（2）教孩子熟记亲人电话。让孩子记牢亲人的联系方式，尤其是父母和家里的电话，同时要教会孩子如何拨打电话。

（3）教孩子拨打紧急电话号码。应教会孩子拨打 110（公安报警电话）、119（消防报警电话）等求助电话。还要告诉孩子，只有紧急情况才能拨打，平时不能乱拨。

（4）教会孩子辨识好人与坏人。在孩子最无助的情况下，有这几种人可以信任：一是穿军警制服的群体，“有事找警察叔叔”这个意识应从小灌输给孩子，并教孩子辨认警察、军人和保安等穿制服的人；二是大的机关单位或超市商场统一着装的工作人员，迷路的孩子可以向他们寻求帮助。

（5）教育孩子不要理会陌生人，不要接受陌生人给予的任何物品，特别是食物。告诉孩子，因为陌生人给的食物里很可能已经被掺进了药粉。还有的不法分子会以玩具作为诱饵，吸引孩子的注意力，以便趁机将他们抱走。告诉孩子，对于陌生人提出的任何要求和请求都要坚决拒绝，比如“小朋友，你帮我带个路，去 × × 地方吧?”也不要因陌生人的夸奖、赞美而沾沾自喜，从而失去了警惕。

（6）带孩子外出时，留意四周情况，注意是否有可疑人、车跟随。不要把孩子交给陌生人看管或带走，孩子需要人帮助照顾时，可以交给可信赖的亲朋好友。平时要与邻居和睦相处，遇事彼此照应。

（7）教育孩子不要随便去别人家做客。尤其是女孩子，更要特别留心，无论去哪里都要及时与大人取得联系，并告知他们自己所在具体方位。

（8）不要将孩子单独留在家中或店铺里。

（9）教育孩子不要给陌生人开门，并养成随手关门的好习惯。当只有孩子一个人在家时，要叮嘱他，假如有人敲门，一定要先通过猫眼看看来人的样貌，只要是陌生人，不管他说得多么天花乱坠，都坚决不能开门；除了是爸爸妈妈、外公外婆、爷爷奶奶这样的至亲外，任何人都不要让他们进来。孩子放学回家，要先看看身后是否有可疑的人跟在后面，确定无异样情况后再开门进屋，同时马上就把房门锁上，以防坏人趁你疏忽大意没关好门便进屋行骗。

（10）不要让孩子单独出门。大人带孩子出门时，一定要将孩子置于自己视线范围内，不要让孩子在无人看护的情况下单独跟其他孩子外出玩耍。一旦发现孩子即将离开自己视线范围，一定要用高声制止及召回。家住低层且老人单独在家时，不要把门窗敞开，以免将家庭情况暴露给犯罪分子；平时与信任的邻居打好招呼，在自己无暇分身的时候请他们帮助一同监管孩子。

（11）告诉孩子一旦与父母走散不要乱跑，在原地等待。

（12）给孩子佩戴有家庭相关信息的物品及儿童智能手表、走失报警器、智能定位运动鞋等穿戴型智能定位设备，并可在家门口设置监控镜头。

（13）提前做好孩子生物信息采集。最好的办法是在孩子出生 5 个月以后，主动配合公安机关采集孩子眼睛的肛膜信息。人类肛膜信息的识别率为 100%。既使孩子被拐卖，以后也会通过肛膜信息采集与识别而很快找到。

（14）微博、微信晒娃要有度。不要轻易泄露孩子的名字（包括乳名）、幼儿园等信息，防止被坏人利用。

（15）搭讪、聊天时不要忘记照看孩子。妈妈或老人在家门口照看孩子时，往往喜欢和别人搭讪、聊天，这时一定要注意照看好孩子。

（16）通过教孩子学唱《小兔子乖乖》等儿歌及收看防拐骗动漫、VR（虚拟现实技术），精心设计和排练一些常见的儿童拐骗手段的情景剧，让孩子在玩乐中掌握防拐骗知识。通过人物扮演，展现人贩子对孩子施以多种拐骗手法，家长和孩子可以更直观了解人贩子的作案手法。

（17）尽量不要带孩子到人员复杂、偏僻的地方。在公共场所不要让陌生人照看孩子。在医院不要把孩子交给不认识的医护人员。

（18）给孩子设计个密码，遇到陌生人时，要求对方说出与家长约定好的密码，以识别真伪。

28. 孩子被拐，家长该怎么办？

（1）要在第一时间报警，并通过“公安部失踪儿童信息紧急发布平台”立即发布相关信息。目前，已有25家新媒体和移动应用接入该平台，可在第一时间通过新媒体和移动应用终端，将儿童失踪信息自动推送到失踪地周边的相关人群。该系统投入使用两年来共发布3053名儿童失踪信息，找回儿童2980名，比例高达97.61%。

（2）要在发现孩子丢失的地方寻找。

（3）发动亲戚朋友在各大交通枢纽寻找。

（4）利用微信、微博，发动媒体的力量。

29. 妇女应如何预防被拐骗?

（1）不要盲目外出打工，不要轻信非法小报和随处张贴的招聘广告，找工作应当到正规的中介机构或通过信得过的亲戚、朋友介绍。

（2）外出打工最好结伴而行。

（3）不要轻信帮忙介绍工作、帮忙找住宿或代替你的亲友接站等理由，跟随你不熟悉的人去到陌生环境。

（4）与陌生人打交道时，要多留心眼，保持高度警惕，不轻信其甜言蜜语，不贪图便宜，不接受小恩小惠，谨防上当。

（5）不要轻信网络聊天认识的网友，不要擅自与网友会面。

（6）不要向陌生人介绍自己的家庭、亲属和爱好等个人信息。

（7）拒绝接受陌生人的食品、饮料。

（8）如遇到马路上、车站旁及其他场所的拉客行为，应坚决拒绝，以免受骗。

（9）慎重选择交往对象，与不了解的人保持距离，外出时尽量少喝酒。

（10）保管好自己的身份证、外出证明及其他重要文件。不要把原件随便给任何人，包括雇主。

（11）外出期间，把自己的所在地址和联系方式及时告诉家人和朋友，让他们知道你的去向。

（12）在外出途中，一旦遇到面临被拐卖的危险，要及时向公安部门和周围群众求助。

（13）遇到困难时可以到当地的“妇女之家”寻求帮助和建议，他们可以提供流动妇女所需的各种服务。

（14）不要贪小便宜。要防范利用微信红包搭讪、“老板带你发财”等。

30. 妇女儿童发现自己被拐时怎么办？

（1）若在公共场合发现受骗，可立即向人多的地方靠近，并大声呼救。

（2）如发现已被控制人身自由，应保持镇静，并设法了解买主或所处场所的真实地址（省、市、县、乡镇、村、组）及基本情况。

（3）向人贩子、买主及相关人员（如家属、邻居、路人等）宣讲国家法律，告知严重后果，伺机外出求援或逃走。

（4）采取写小纸条等方式向周围人暗示你的处境，请求外人帮助，设法与外界取得联系。

（5）不要放弃，想方设法，寻找机会向公安机关报案，拨打电话、发送短信或通过网络等一切可与外界联系的方式尽快报警，说明你所在的地方、买主（雇主）姓名或联系电话。

31. 怀疑亲戚朋友被拐时怎么办？

（1）一旦怀疑身边的亲人或朋友被拐，应当立即向公安机关报案。详细向公安部门讲述其近期的工作和生活情况，反映其近期接触的可疑人员，及时提供当事人的近期照片以及本人特征。

（2）可充分利用互联网，通过微博、微信广泛发布寻人启事。及时关注公安机关破获的各类非法集资、传销以及拐卖妇女儿童案件，争取早日找到亲人。目前，最有效的网络平台是“公安部失踪儿童信息紧急发布平台”。也可通过 110 报警电话或通过公安部和广东省户口问题（线索）举报投诉平台报警，具体联系方式如下：

表 4－1　公安部失踪儿童信息紧急发布平台和广东省户口问题（线索）举报投诉平台

	联系电话	互联网平台			信件邮寄地址
		电子邮箱	官方微博	官方网站	
公安部	010－12389 010－58186722	gabhukou@163. com	新浪微博：公安部打四黑除四害	—	北京市东长安街 14 号，公安部治安管理局，邮编：100741
广东省	020－83119129 020－83119924（传真）	110@gdga. gov. cn	腾讯微博：平安南粤 新浪微博：广东省公安厅	平安南粤网： 政务信箱 http://www. gdga. gov. cn/jm-lx/zfxx/; 举报违法犯罪 http://www. gdga. gov. cn/jm-lx/jbfz/	广东省广州市黄华路 97 号，广东省公安厅治安管理局户政处，邮编：510050

32. 老年人如何防范金融诈骗？

（1）有需要兑换的外币、兑换零钞、兑换残缺污损人民币，应到银行柜台办理，不能轻信“黄牛”。

（2）妥善保护好身份证号码、银行卡卡号、存折账号、密码、手机号码等个人敏感信息，不要轻易告知他人。

（3）办理任何金融业务都要仔细阅读条款，认真填写相关信息和核对相关内容，如有疑问，应咨询银行柜台人员。

（4）凡是提到需要转账汇款、交手续费免费领取奖品的短信或电话，都应引起高度警惕，谨防金融诈骗。

（5）购买理财产品要选择正规渠道，弄清存款、理财和保险的区别，最好在子女的陪同下进行购买，尤其大额投资最好不要独自当场决定。

（6）不要相信陌生人的糖衣炮弹，自己拿不定主意时，多找老伴、子女们、信得过的邻居和朋友商议，需要报警时应坚决报警。

（7）要克服贪欲的心理，要打消“用小钱赚大钱”“吃小亏占大便宜”“不劳而获”等念头，世界上没有“天上掉馅饼”的好事。

（8）多看新闻，开阔自己的视野，多关注法制栏目，了解各种骗局案例，从他人上当受骗的经历中汲取经验教训。

33. 常见的网络诈骗形式有哪些？

第一，假冒好友。骗子通过各种方法盗窃QQ账号、邮箱账号后，向用户的好友、联系人发布信息，声称遇到紧急情况，请对方汇款到其指定账户。网络上还出现了一种以QQ视频聊天为手段实施诈骗的新手段：嫌疑人在与网友视频聊天时录下其影像，然后盗取其QQ密码，再用录下的影像冒充该网友向其QQ群里的好友“借钱”。

遇到此类情况，头脑中务必多一根弦，及时通过电话等方式联系到本人，确认消息是否源自好友或联系人，避免上当受骗。

第二，网络钓鱼。犯罪分子通过使用盗号木马、网络监听以及伪造的假网站或网页等手法，盗取用户的银行账号、证券账号、密码信息和其他个人资料，然后以转账盗款、网上购物或制作假卡等方式获取利益。主要可细分为以下两种方式：

（1）发送电子邮件，以虚假信息引诱用户中圈套。诈骗分子以垃圾邮件的形式大量发送欺诈性邮件，这些邮件多以中奖、顾问、对账等内容引诱用户在邮件中填入金融账号和密码，或是以各种紧迫的理由要求收件人登录某网页提交用户名、密码、身份证号、信用卡号等信息，继而盗窃用户资金。

（2）建立假冒网上银行系统、网上证券系统，骗取用户账号、密码，实施盗窃。犯罪分子建立起域名和网页内容都与真正网上银行系统、网上证券系统极为相似的网站，引诱用户输入账号、密码等信息，进而通过真正的网上银行系统、网上证券系统，或者伪造银行储蓄卡、证券交易卡来盗窃资金。还有的利用合法网站服务器程序上的漏洞，在站点的某些网页中插入恶意代码，屏蔽住一些可以用来辨别网站真假的重要信息，以窃取用户信息。

遇到此类情况，首先不要在网上随意填写个人资料，开通网上业务前应前往正规银行索要资料，登录正确的网页办理业务，避免上当受骗。

第三，网托。如某知名汽车专业论坛上，经常会出现这样一些帖子：先罗列一些市场上比较“烂”的汽车品牌，弄个噱头如“2019 年十大烂车排行榜”等，对名单里的汽车逐个进行批评，而且出口毫不留情，仿佛很为广大车迷着想，令看者心惊胆战。然后会有一堆人跟帖顶起，附和楼主观点，等帖子的热度一上来，就会有人忽然问：XX 牌子的汽车怎么样？有人用过吗？接着又有一大堆人上来介绍该牌子的好处、使用心得等等。

看到上面这样一个帖子，很多不明就里的人都容易上当。其实，帖子里面的大部分人都是“托”，先贬低一部分汽车品牌，引起读者同感，然后借机宣传自己的品牌。

第四，网银升级诈骗。如利用“XX 银行 E 令（XX 银行网银客户持有的动态密码显示设备）过期”、网银升级、信用卡升级、网银密码升级等虚假信息实施诈骗。犯罪分子利用 XX 银行网上转账只需输入常规静态密码及 E 令的动态口令，无需 USB Key（硬件数字证书载体）的特点，通过发送“XX 银行 E

令过期”等虚假短信息，诱骗受害人登录与XX银行官方网址相似的钓鱼网站，从而窃取受害人的登录账户和密码口令。一旦得手，犯罪分子便迅速通过网上转账的方式将受害人账户内的资金转走。

当受害人发现账户资金被盗时往往已错失破案时机，加之多数群众对这种新型的诈骗犯罪手法尚不了解，防范意识和能力较低，极易上当受骗，造成重大经济损失。

如收到类似的诈骗信息，要及时拨打110报警，或向12321举报中心举报，不给犯罪分子可乘之机。

第五，电信诈骗变种。传统电信诈骗手段是，嫌疑人一般冒充电信局等的工作人员谎称事主电话欠费，然后转向冒充的“公安人员”谎称事主身份信息被冒用并实施诈骗。而此类手段如今发生了一些新的变化：

（1）有些嫌疑人拨打事主电话时冒充114查号台，来电显示电话号码为114。

（2）嫌疑人谎称事主医保卡在异地药店买药消费，已经“不能用”，进而告诉事主身份信息被盗用，接着实施诈骗。

（3）嫌疑人自称是快递公司工作人员，称有两个邮件一直没有送到，邮件是公安分局发的，主要内容是事主信用卡欠费已被法院起诉，还牵扯到一个几千万元的金融案件，进而实施诈骗。

（4）嫌疑人在告诉事主电话欠费的同时，告知事主电话欠费是假的，实际上事主的信息泄露有可能卷入案件，建议做一个金融保单，进而实施诈骗。

（5）冒充黑社会诈骗。传统手段中，嫌疑人一般发短信冒称黑社会实施诈骗。新手段中，嫌疑人直接打电话冒称是“二秃子”，并告知事主得罪人了，有人要取事主的手腿，接着称只要汇款就告诉事主指使人是谁并且不再找事主麻烦。

34. 常见的微信诈骗有哪些?

常见的微信诈骗主要有以下几种形式：

（1）木马红包。

伎俩：这种“发红包”的软件页面跟微信钱包十分相似，实际上是一种木马程序，在你点击关注这个公众微信账号时，对方已经获取你手机里的个人信息，包括支付宝、微信钱包、网银等账号及密码，随后转走钱财。

提醒：不慎点击这种“红包”，第一时间关闭手机网络，立即修改网银、支付宝等密码，去正规手机售后部门刷机或重置相关系统，以彻底删除木马病毒。

（2）假公众号。

伎俩：骗子取一个类似“交通违章查询”这样的公众账号名，一旦用户信以为真，向该公众号发送截图，会收到提示“需要提交你刚刚收到的手机验证码”，若将验证码发过去，用户微信钱包的钱就会被立即转走。

提醒：对于各类公众账号要提高警惕，可与该账号官方联系求证，不随意进行交易，手机验证码一定要保护好。

（3）代购诈骗。

伎俩：诈骗者声称价格非常优惠，以此为诱饵打折代购，网友付款后，骗子以“商品被海关扣下，要加缴关税”等类似理由，骗取网友钱财。

提醒：到正规网站买东西，实体店更保险。

（4）二维码“藏毒”。

伎俩：骗子以商品为诱饵，给你返利或者优惠，再发送商品二维码哄骗消费者进行扫码，这个二维码其实藏有木马病毒。一旦安装，木马就会盗取银行账号、密码等个人隐私信息。

提醒：不要贪小便宜，手机不要随便安装不明程序。

（5）盗号。

伎俩：通过盗取微信号、绑定微信的 QQ 号码以及手机号码等方式，获取微信用户的个人信息，诈骗者再冒充微信号主人与其家人、朋友联系，并以各种理由要钱。

提醒：勿急于汇款，及时联系微信好友，拨打电话核实真假。

（6）假冒“高富帅”。

伎俩：骗子装成“高富帅”或“白富美”与他人搭讪，首先骗取他人的信任，进而以商业资金紧张、手术等为由骗取钱财。

提醒：无论通过什么途径认识的朋友，都要牢记“交友需谨慎”。

（7）集赞送“礼”。

伎俩：这种诈骗分两种：一是等你集满了要求的“赞”，兑换时发现到手的奖励“缩水”；二是对方发布信息时，要求参与者提供电话和姓名，套取个人信息。

提醒：对这种信息要先打电话咨询查证，必要时可把答复录下，防止对方赖账，也可直接去实地查看。

（8）头像“克隆”。

伎俩：不法分子下载你的微信头像，把昵称改成你的名字，再屏蔽朋友圈，然后冒充你向你的朋友行骗，其他人无从分辨。

提醒：及时为微信好友添加备注名可避免被骗，还可以仔细核对好友的微信号，因为微信号是无法改变的。

35. 如何防电信诈骗？

电信网络诈骗花招百出，令人防不胜防。其实，骗子们把戏虽多，但“万变不离其宗”，只要做到“四不原则”“八个凡是”即可轻松戳穿骗术。

“四不原则”，一是不汇款：谨慎给陌生人汇款、转账；二是不轻信：不轻信可疑电话、短信；三是不泄密：不泄露个人身份、账户、密码给他人；四是不链接：不随意打开不明链接。

以下“八个凡是”都是诈骗：凡是自称公检法要求汇款的；凡是叫你汇款到“安全账户”的；凡是通知中奖、领取补贴要你先交钱的；凡是通知家属出事要先汇款的；凡是索要个人和银行卡信息及短信验证码的；凡是让你开通网银接受检查的；凡是自称领导（老板）要求打款的；凡是陌生网站（链接）要登记银行卡信息的。

36. 诈骗短信主要有哪些类型?

（1）意外事故型诈骗。这类诈骗者非常了解当事人以及其家里情况，首先会给当事人发短信或是打电话，谎称通信公司以操作为由要求其关机，然后给其家人或是朋友发短信通知，称当事人出车祸，要求其家里人或是朋友汇款支付手术费用之类的。

（2）恐吓型诈骗。知道你的电话，然后冒充是黑社会的人发短信或是打电话，恐吓你要汇款，不汇款的话就会对你或是你的家里人不利。

（3）骗取话费型诈骗。这种诈骗是前几年比较常见的，短信通知“您的朋友为您点播一首歌曲以示祝福，请拨打 XXXXX 接听”，这样你一拨打就会立马发现话费飙升或是开通了某项高额服务。

（4）中奖、欠费型诈骗短信。中奖型：短信通知当事人中奖，如果当时拨打电话过去，就会说要先缴税费，让当事人拨打电话咨询，然后等当事人汇款成功后，会一再说手续未齐全还要再汇款，等到骗得差不多了，对方手机就会关机丢弃。欠费型：说当事人的某些操作涉嫌洗钱犯罪，然后要拨打警察电话 XXXXX，接着警察就会说查明不是你，但是涉案要汇款。

（5）支付宝转账诈骗。首先这类诈骗会黑掉 QQ 好友的账号，然后登录其账号与你联系，说最近有急事，麻烦你给他支付宝汇款，同时会问各自的支付宝账号。等你转账了，他就会说这边需要输入验证码，如果你把验证码给了他，他就可以直接登录你的支付宝账号把钱取走或是通过账号绑定的银行卡取钱。

（6）冒充好友借钱。这类诈骗会先致电跟你寒暄，然后说“猜猜我是谁”之类的话，接着就会顺着你的话说自己是谁，再接着就会跟你借钱了。

37. 如何防范短信诈骗?

（1）不可轻易回复。收到短信和陌生电话时，要多注意短信和电话的来源，不要轻易盲目回电话或回短信，要认真核实清楚，确认是可靠的人再回复，防止回拨或回信息以后造成财产损失。

（2）不要贪小便宜。做事情不要总讲究利益，唯利是图就比较容易上当受骗，千万不要抱有占小便宜、贪财、投机、不劳而获等侥幸的心理。

（3）正规渠道核实。不要按照对方给定的电话核实信息，如果对对方打来的电话或发来的短信存在疑问，有必要进行核实，但是一定要通过正规的渠道进行核实，自己查清咨询电话、问事电话再打过去比较可靠。

（4）不转账不汇款。无论在什么时候，都要时刻警惕自己财产的安全性，千万不要在不明真相的情况下，就按照陌生人的要求在银行提款机上进行汇款、转账等操作，更不要使用英文界面进行操作。

（5）严守个人信息。在任何情况下，坚决不要向他人透露个人信息，更不要将银行卡号和密码等告诉他人。而银行工作人员绝对不会向客户口头索要账号和密码，凡是索取账号和密码，必定是骗子无疑。

（6）对于那些恐吓绑架之类的电话和短信，在接到电话或收到短信时要保持镇定，如果对方对家里人情况十分了解，就要留心眼或许是身边的人。可先联系自己的家人，如果打不通可以联系家里人的朋友等，如果还是不能解决就联系警察。

（7）朋友间借钱转账的，一定要电话联系确认，对于那种需要手机验证码的最好是拒绝。

（8）平时生活中，自己的身份证号码、银行卡号码、银行卡密码这三样最好都不要公布、不要跟别人共享，最重要的一点是不要同时公开这三样。

（9）收到意外事故短信，首先要保持镇静，看下是哪家医院，然后上网查下这家医院的电话，咨询下有没有这样一个情况再做决定。

（10）如果发现自己已经上当，要马上报案。对于那些手机短信诈骗，最好的方法是不相信、不回复、不贪便宜。

38. 如何防范网贷诈骗？

（1）查看企业运营资质和团队实力是首要步骤。投资人在投资前，要认真考察平台的一些资质，如是否有完整合规的营业执照等，网站是否有 ICP（网络内容服务商）备案、注册资金及实收资本等；查看网站上的办公地址，如在本地可以进行实地走访，这样基本能够确定公司的真实性和大概的规模。此外，平台的团队实力和企业资质一样重要，如团队里是否有金融背景的成员，有无风险意识，风控能力强不强等。还要查看团队的技术实力，以保障平台的数据安全。

（2）判断平台宣传的保本保息有没有猫腻。很多平台保障是有金额限制的，不要一味相信广告上说 100% 本息保障，要认真看规则是否有金额限制。

（3）选择有第三方资金托管的平台。根据国家规定，所有借贷平台都不能设资金池。这也就是说，合法的平台一定要有第三方资金托管的平台。另外，从第三方资金托管的性质也能判断该平台的稳健程度，比如国有银行、第三方支付，或者双重托管更好，能够最大程度避免平台幕后老板卷款潜逃的可能。

（4）选择利息在正常范围内的平台。扣除了平台正常运营和利润，正常来说，投资者投标得到的合理利率大概在 10% 上下。所以可以看到，经过一轮高利息推广后，合规的平台都会把利息降下来。

（5）分散投资能有效分散风险。建议投资人将资金分散到不同的借贷平台，这样能有效地降低投资风险。投资人在选择平台时要有合理的分布，可以通过实地考察，选择多个借贷平台进行投资，在实际操作中更直观地感受不同平台的差异，方便比较后再次筛选，这样也能帮助投资人获得更好的收益。

（6）选择“小额”的借款标。一般短期的资金周转借款额比较低，自然风险也较低，但也有大额项目的投资，风险一般高于小额借款。

39. 常见的快递诈骗方式有哪些？

（1）冒充快递员，假装快件地址模糊，借机和事主见面，骗取事主手机确认收件地址，趁借看手机那刻，利用手机获取网银验证码，进行诈骗活动。

（2）冒充快递员，接近事主，假装手机没电，借用事主手机，趁机偷走 SIM 卡（用户身份识别卡），事主拿回手机没注意 SIM 卡丢失，当失主发现时，不法分子已利用 SIM 卡盗用网银资金。

（3）市场上曾出现 10 元拆包裹的促销活动，商家打着无主包裹的幌子，让消费者花 10 元自行选择包裹拆开，消费者可获取包裹中的物件，这类活动也是诈骗式的营销。

40. 如何防范快递诈骗？

（1）网购要选择正规大平台进行。切莫贪小便宜，见到小的电商网站有打折、优惠等活动就选择小的电商平台，对方很有可能销售的是假货或者只是为了套用你的个人信息。俗话说得好，“便宜没好货”。

（2）网购要选择正规快递公司。切莫贪小便宜选择小的或者不知名的快递公司进行邮寄。一来正规快递公司服务质量好、效率高；二来正规快递公司售后有保障，就算出现丢件情况也比较容易获得赔偿；三来整个快递流程可以查阅，避免被不法分子假冒快递人员进行诈骗。

（3）收货地址不要太详细。收货地址可以写到栋数，尽量不要写到房门号，这样可避免不法分子窃取个人信息或者趁机接近家里的老人和小孩。

（4）独居女性收快递要注意安全。可以让门口保安或者男性朋友帮忙接收快递，千万不要在夜色稍晚独自一人去接收快递。

（5）谨防假冒快递人员。见面之前要询问对方一些问题，如“哪家快递公司”“卖家叫什么”“我的手机号码是多少”“快递人员工号是多少”；见到快递人员后应记住其长相，选择有摄像头的地方接收快递。

（6）收快递后要当场验货（消费者有先验货再签收的权利），避免收到假货。同时要观察包裹是否散发异味或者有其他危险状况。

（7）丢弃的包裹要清除个人信息，撕毁快递单。

（8）记住快递公司服务的国际标准和一些快递行业法律法规，避免自身合法权利被侵害。

41. 如何防范春耕农资诈骗?

(1)要到有固定场所、证照齐全的农资经营单位购买。农资经营者除了应持有营业执照外,还应当具备本行业的经营许可证。如经营种子的经营者,须持有县级以上农业主管部门颁发的农作物种子经营许可证、种子质量合格证等相关证件。交易方式要正当,交易的票据要齐全,不要贪图价格便宜而轻信走村串户的推销者。

(2)要注意查看包装是否规范,标签是否完整,有无合格证、厂名厂址、商标标识、生产日期、保质期及使用说明等。不要购买拆开包装的散装种子、农药和化肥。不要贪图便宜,购买劣质农机配件。

(3)认真阅读农资使用说明书,弄清楚适用范围和禁忌事项、正确的使用方法,严格按照说明书的要求科学使用,避免不必要的损失。有不清楚的地方,应向农资生产者、经营者或地方农业技术服务部门咨询。

(4)索要盖有经营单位公章的信誉卡、保修卡及购物凭证,并要求清楚地标明购买时间、产品名称、数量、等级、规格、型号、价格等重要信息。不要接收个人签名的字据或收条。注意留存种子、农药、化肥外包装和少量原品,以便出现问题时作为检验和鉴定的根据。

(5)如果发现购买和使用的农资、农机有质量问题,要及时收集和携带相关证据向当地工商、公安等部门报案，使发现的问题及时得到处理。

42. 什么是非法集资？

非法集资是指法人、其他组织或者个人，未经有关部门批准，向社会公众募集资金的行为。目前中国刑法规定了四种非法集资类的犯罪，它们分别是非法吸收公众存款罪，集资诈骗罪，欺诈发行股票、债券罪，擅自发行股票、公司、企业债券罪。

43. 非法集资有哪些特征？

（1）未经有关部门依法批准，包括没有批准权限的部门批准的集资以及有审批权限的部门超越权限批准的集资。

（2）承诺在一定期限内给出资人还本付息。还本付息的形式除了以货币形式为主外，还包括实物形式和其他形式。

（3）向社会不特定的对象筹集资金，即向社会公众筹集资金。

（4）以合法形式掩盖其非法集资的性质。

44. 非法集资的典型手段有哪些？

非法集资活动涉及内容广，表现形式多样。从目前案发情况来看，主要包括债权、股权、商品营销、生产经营等四大类。

（1）借种植、养殖、项目开发、庄园开发、生态环保投资等名义非法集资。

（2）以发行或变相发行股票、债券、彩票、投资基金等权利凭证，或者以期货交易、典当为名进行非法集资。

（3）通过认领股份、入股分红进行非法集资。

（4）通过会员卡、会员证、席位证、优惠卡、消费卡等方式进行非法集资。

（5）以商品销售与返租、回购与转让、发展会员、商家加盟与“快速积分法”等方式进行非法集资。

（6）利用民间“会”“社”等组织或者地下钱庄进行非法集资。

（7）利用现代电子网络技术构造的虚拟产品，如“电子商铺”“电子百货”，投资委托经营、到期回购等方式进行非法集资。

（8）对物业、地产等资产进行等份分割，通过出售其份额的处置权进行非法集资。

（9）以签订商品经销合同等形式进行非法集资。

（10）利用传销或秘密串联的形式非法集资。

（11）利用互联网设立投资基金的形式进行非法集资。

（12）利用“电子黄金投资”的形式进行非法集资。

45. 农民专业合作社如何防范非法集资？

第一，依法登记准入。

（1）严格准入条件。各级市场监管部门要严格按照《农民专业合作社法》和《农民专业合作社登记管理条例》规定的条件注册登记。对提交材料齐全、符合法定形式的，及时办理注册登记手续，对提交材料不齐全，不符合法定形式的，应当当场或者5日内一次性告知需要补齐的全部内容，作出不予受理的决定。

（2）及时通报信息。市场监管部门批准设立农民专业合作社后，及时将农民专业合作社名称、住所、成员出资总额、业务范围、法定代表人姓名等注册登记信息传至省市场监管局门户网站，以便同级农民专业合作社综合指导部门、处置非法集资工作办公室跟踪情况。

第二，准确主体定位。开展信用合作要严格坚持“限于合作社成员内部、用于关联产业发展，吸股不吸储、分红不分息”的基本原则，严禁非法办理吸收存款、发放贷款和其他金融业务。各农民专业合作社等非金融机构，要严格按照国家法律法规进行经营，不得以高息、分红等为诱饵进行宣传，不得吸收或变相吸收社会公众存款及非法集资，不得违反国家规定高息放贷，不得未经批准从事超经营范围的业务活动。

第三，挂牌警示监督。农民专业合作社依法取得营业执照后，县级综合指导部门颁发“农民专业合作社合法经营警示监督牌”，并进行专题教育培训。对不按规定悬挂警示监督牌的，由综合指导部门批评教育、责令改正；屡教不改的，与其评级分类相挂钩。

警示监督牌应载明“农民专业合作社非金融机构”“严禁吸收社会公众存款、严禁对外发放贷款、严禁从事业务范围以外的经营活动”等内容，公布监督机关（县级综合指导部门以及金融、工商、公安、银监等部门）及其举报电话。警示监督牌悬挂在各农民专业合作社经营场所明显位置，接受监督。

第四，实行资金托管。由农民专业合作社基本账户开户银行负责，对农民专业合作社的注册资金、运营资金进行托管，采取封闭式管理，发现异动情况，立即向当地农民专业合作社综合指导部门报告。开户银行隐瞒不报或托管不力的，由银监部门问责；形成重大案件、造成重大损失的，依法追究开户银行的相应责任。

开户银行要严格按照人民银行账户管理规定，完善与存款人的账户管理协议，加强对农民专业合作社账户使用的管理。要经常对农民专业合作社账户的使用情况进行专项检查，发现违规行为，及时纠正。人民银行应加强对银行机构办理农民专业合作社账户业务的指导、监督和管理，特别是基本账户的管理，发现违规行为，要及时纠正、处罚。

第五，定期监测预警。由人民银行各设区市支行负责，根据各商业银行上报的农民专业合作社及其出资较大的成员（包括亲属）、经营管理人员可疑资金交易行为进行分析、比对，有非法集资倾向的，提请公安机关调查核实、依法查处。

第六，加强行业管理。实行差别化管理。由行业综合指导部门负责，逐步制定农民专业合作社评级分类管理实施办法。对制度完备、治理完善、遵纪守法、运行规范的各级示范社，在财政资金扶持、“三农”项目安排、金融服务提供等方面给予倾斜，对决策不民主、运行不规范、效益不理想的农民专业合作社，进行特殊帮扶，一社一议，对症下药；对动机不纯、运作不规范，假借农民专业合作社合法平台，开展非法集资、对外放贷、放高利贷等违法活动的农民专业合作社，由银行业监督管理机构依法处罚并取缔其非法金融活动，及时向社会公布，由市场监管部门依法撤销登记，并将其法定代表人或负责人录入系统锁定；构成犯罪的，由公安机关依法追究刑事责任。

第七，坚持宣传培训。根据职能分工，有关部门每年要组织开展面向全体社员、贯穿全年的远离非法集资、杜绝高息放贷的宣传教育活动，使“什么是非法集资”“为什么要打击非法集资”“怎么打击非法集资”的观念深入人心，引导广大农民群众自觉抵制非法集资。对农民专业合作社全体成员特别是理事会、监事会成员，经理和财会人员，进行法律、法规、投资、经营、管理、财务等方面的培训，强化其法制意识、市场意识、责任意识，提高其履职能力、经营能力、创新能力。指导农民专业合作社建立和完善保障健康发展的体制和机制，准确定位，练好“内功”，合规经营，科学发展。

第八，开展专项检查。根据职能分工，有关部门每年对负责指导的农民专业合作社开展专项检查。对不按业务范围经营的，移交市场监管部门依法处理。发现非法集资行为，移交公安部门依法查处。对存在其他违规问题的，责令停业整顿、限期整改；性质恶劣的，坚决依法予以取缔；涉嫌犯罪的，移交司法机关处理。

46. 哪些行为可能是非法集资?

（1）明显超出公司注册登记的经营范围，尤其是没有从事金融业务活动资格、频繁变换公司及投资项目名称。

（2）许诺超高收益率。

（3）以个人账户或现金收取资金，现场或即时交付本金即给予部分提成、分红、利息。

（4）在街头、超市、商场等人群流动、聚集场所摆摊、设点发放“理财产品”广告，尤其以老年人为主要招揽对象。

（5）在发放的宣传单上印制中央领导同志照片、所谓的领导讲话、重要会议文件内容，用以证明所推销的投资、理财项目受国家支持。

（6）怂恿群众将个人房产进行抵押，获取银行贷款后投资所谓的“项目”或“理财产品”。

（7）招揽群众参加在宾馆、饭店、写字楼举行的“投资”推介会。

（8）通过群发短信、打电话等方式推销“投资项目”“理财产品”。

47. 如何防范 P2P 网络借贷非法集资？

（1）看其主体资格是否合法，是否超范围经营。现在很多人打着经过中国人民银行、银监局等批准的幌子进行非法集资，必要时向审批机关核实。特别要注意这个合法资质不是营业执照，因为几乎所有的公司都办理过工商登记，但其经营的业务却并不在登记范围，因此关键要看其从事的具体业务是否经过审批，对经营范围内无发售理财产品的要警惕。

（2）看其是否面向公众、不设门槛吸收资金。在街道社区发放小广告等利用公开方式面向不特定多数人进行宣传，不关心投资人是否为合格投资者，不关心投资人是否具有风险识别能力，不进行风险提示，这样的投资项目要警惕。

（3）看是否承诺还本付息。非法集资行为具有承诺在一定期限内向出资人还本付息的特点，即通常所谓的“保底”条款。这里需要注意，所有的投资行为均需风险共担，因此，如果承诺保本保息，不管利息高低都是违法行为，不仅仅是高额利息才是非法集资。

（4）要坚信“天上不会掉馅饼”。对“高额回报”“快速致富”的投资项目要冷静分析，正所谓“你看中的是他的利息，他看中的是你的本金”，尤其是要警惕所谓的官方背景，警惕“熟人”的热心推荐，自觉远离，避免上当受骗。

（5）要通过正规的渠道投资理财。高收益往往伴随着高风险，特别是一些不规范的经济活动更是蕴藏着巨大风险，因此一定要通过正规渠道投资理财。投资人应清楚，市场有输赢，投资有盈亏，任何投资都有风险，一定要增强理性投资意识，充分考虑自己的风险承受能力，量力而行，不要进行赌博式、押宝式投资，更不能靠借债来投资，最起码一旦造成本金损失，要能保证不影响正常生活。

（6）对照银行贷款利率和普通金融产品的回报率是否过高，多数情况下明显偏高的投资回报很可能就是投资陷阱。我国规定，超过国家规定贷款利率 4 倍以上的不受法律保护，可作为判断回报是否过高的参考。天上不会掉馅饼，高收益和高风险是并存的，犯罪分子的目的就是骗取钱财。一个企业正常的年利润一般不会超过 20%，超高利投资回报分配不可能维持太久。其中必有非法诈骗行为。“快速致富”“高回报、零风险”极有可能是“请君入瓮”的投资陷阱。广大投资者和居民一定要增强分辨能力、挡住利益的诱惑，切莫贪图高利、参与非法集资活动，不要相信“免费的午餐”。

（7）通过政府网站，查询相关企业是不是经过国家批准的合法上市公司、是不是可以发行公司股票、债券、国家规定的股权交易场所等。如果不具备发行、销售股票、出售金融产品以及开展存贷款业务的主体资格，就涉嫌非法集资。如不法分子以“证券投资咨询公司”“产权经纪公司”等为名，推销所谓即将在境内外证券市场上市的股票，可通过政府网站查阅是否已批准发行等。

（8）通过查询工商登记资料，查明相关企业是否是经过法定注册的合法企业，是否办理了税务登记等。如果主体身份不合法、不真实，则有欺诈嫌疑，

（9）一些影响较大的非法集资犯罪，相关媒体多会进行报道，要通过媒体和互联网资源，搜索查询相关企业违法犯罪记录，防止不法分子异地重犯。

（10）对亲朋好友低风险、高回报的投资建议和反复劝说，要多与懂行的朋友和专业人士仔细商量，审慎决策，防止成为其发展下线的目标。

48. 参与非法集资形成的损失，政府会兜底吗？

根据《非法金融机构和非法金融业务活动取缔办法》相关规定，因参与非法集资活动受到的损失，由参与者自行承担，所形成的债务和风险，不得转嫁给未参与非法集资活动的国有银行和其他金融机构以及其他任何单位。债权债务清理清退后，有剩余非法财物的，予以没收，就地上缴中央金库。经人民法院执行，集资者仍不能清退集资款的，应由参与者自行承担损失。在取缔非法集资活动的过程中，地方政府只负责组织协调工作。这意味着，非法集资不受法律保护，参与非法集资活动的风险和损失由参与者自己承担。

根据《关于办理非法集资刑事案件适用法律若干问题的意见》相关规定，单位和个人帮助非法集资犯罪行为人吸收资

金，从中收取代理费、管理费、返点费、佣金、提成等费用的，构成非法集资共同犯罪，应当依法追究刑事责任。这意味着，参与非法集资不仅责任自担，如果还为非法集资犯罪提供帮助、充当资金掮客并且收取代理费等的，还构成非法集资共同犯罪人，依法应追究刑事责任。

第五章 防范与打击传销

49. 什么是传销?

传销是指组织者或者经营者发展人员，通过对被发展人员以其直接或者间接发展的人员数量或者销售业绩为依据计算和给付报酬，或者要求被发展人员以交纳一定费用为条件取得加入资格等方式牟取非法利益，扰乱经济秩序，影响社会稳定的行为。

传销具有以下两个基本要件：

(1) 组织要件：即发展人员，组成网络。传销组织者承诺，只要参加者交钱加入后，再发展他人加入，就可获得高额的“回报”或“报酬”。这就是俗称的“发展下线”。下线还可以再发展下线，以此组成上下线的层级关系，形成传销的“人员链”。

(2) 计酬要件：包括两种形式，一种是以参加者本人直接发展的下线人数和间接发展的下线人数为依据计算和给付报酬，即以直接和间接发展的人员数量计提报酬，形成传销的“金钱链”；另一种是以参加者本人直接发展和间接发展的下线的销售业绩（即销售额）为依据计算和给付报酬，形成传销的“金钱链”。

50. 如何识别传销?

当前，传销组织往往打着“直销”“连锁经营”“电子商务”“人际网络营销”等旗号从事传销，识别传销从以下几个方面认识：

(1) 从组织方式看，传销组织者承诺给予参加者高额快速回报，发展他人加入，参加者再以同样的方式介绍和发展他人加入，以此组成上下线紧密联系的传销网络“人员链”。

(2) 从计酬方式看，组织者以参加者发展下线的数量为依据计算和给付报酬，或以参加者发展的下线的销售业绩为依据给付报酬，形成传销的“金钱链”。

(3) 从销售方式看，与直销的单层次销售（即推销员直接将商品推销给最终消费者）相区别，传销是多层次网络式销售。

(4) 从经营目的看，传销不以销售商品为最终目的，而以发展人员数量骗取钱财为最终目的。

51. 传销的危害有哪些?

(1) 扰乱市场经济秩序，侵害多个法律客体。传销和变相传销违法活动往往伴随着偷税漏税、制假售假、走私贩私、非法集资、非法买卖外汇等大量违法行为，不仅违反国家禁止传销和变相传销的规定，还违反了税收、消费者保护、市场秩序管理、金融、外汇管理等多个法律规定。

（2）给参与者及其家庭造成伤害。传销和变相传销给参与者造成经济损失的同时，给其家庭也造成了巨大伤害。

（3）引发刑事犯罪，给社会稳定带来危害。传销造成绝大多数参加者血本无归，一些人员流落异地，生活悲惨，甚至跳楼轻生，还有一部分人员参与偷盗、抢劫、械斗、强奸、卖淫、聚众闹事等违法行为，给人民生命财产安全和社会稳定造成严重侵害。

（4）对社会道德、诚信体系造成巨大破坏。

52. 传销的主要形式和常用手段有哪些？

第一，传销的主要形式如下：

（1）“拉人头”式传销。组织者或者经营者通过发展（含推荐、介绍等，下同）人员，要求被发展人员发展其他人员加入，对发展的人员以其直接或者间接滚动发展的人员数量为依据计算和给付报酬（包括物质奖励和其他经济利益，下同），牟取非法利益的。

（2）骗取“入门费”传销。组织者或者经营者通过发展人员，要求被发展人员交纳费用或者以认购商品等方式变相交纳费用，取得加入或者发展其他人员加入的资格，牟取非法利益的。

（3）“团队计酬”式传销。组织者或者经营者通过发展人员，要求被发展人员发展其他人员加入，形成上下线关系，并以下线的销售业绩为依据计算和给付上线报酬，牟取非法利益的。

第二，传销的常用手段主要有：

（1）许诺高额回报。传销组织利用人们存在的致富心理和改变现状的心态，许诺高额回报，引诱参加者交纳一定费用或购买产品，作为加入该组织的条件。

（2）打着时髦旗号。传销组织经常打着“连锁销售”“直销”“资本运作”“网络销售”“电子商务”“特许经营”等旗号，谎称“国家试点”“政策扶持”，诱骗他人加入。

（3）从亲朋好友入手。传销组织教唆发展人员，先从亲人、朋友、同学、同事、老乡、战友等熟人入手，理由是“有工作机会”“做生意”“旅游”等。

（4）把人骗往异地。多数“拉人头”传销是把人员骗往外地，吃住在出租屋，并以“帮助保管身份证”为由限制人身自由。

（5）进行“洗脑”。传销组织采取开会、上课等方式对参加人员进行“洗脑”，灌输传销理念和计酬制度、拉人方法。许多人被“洗脑”后长期不能自拔。

53. 传销“拉人头”能发大财吗？

参加传销不仅不能发财，而且大多数人会血本无归，甚至倾家荡产。原因在于，传销的本质是要求参加者不断发展人员加入，依靠后加入者购买产品或交纳的钱财维系运作，一旦新加入的下线人员数量不足，整个传销组织将难以为继。

例如：参加者 A 处于传销“金字塔”的最顶端，他要发展 5 个下线，每个下线再发展 5 个下线，依此类推。在这一过程中，第一层是 1 人，第二层是 5 人，第三层是 25 人，第四层是 125 人，第十层则是 195 万余人了。地球上的人口是有限的，愿意参加的人也是有限的，这个金字塔的后续者最终必定枯竭。结果必然崩盘，组织者携款逃跑，给参加者造成巨大损失。

这个例子还是在传销组织讲“诚信”，保证按照承诺发放“奖金”的“理想”情况下。而实际上传销组织就是违法组织，根本就没有什么诚信可言，其目的就是为了骗钱，大多数参加者交钱后根本没见过产品，也没拿到过“奖金”“报酬”，如果想退出，传销组织也根本不会退钱。有的传销组织为了防止参加者向执法机关举报，泄漏组织“秘密”，就会限制参加者的人身自由。由此看来，绝大多数参加者都处于传销“金字塔”的底层，根本不可能发展到足够的人。当参加者把自己身边的亲人、朋友、同学、同事、同乡、战友等所有能够骗来的人全部骗来以后，发现根本赚不到钱时，不少人为了“冲业绩”

“上级别”，只能继续投入金钱。一些传销组织还制定“业绩月月归零”“左右手平衡发展”等制度，要求参加者每月或者定期的“销售业绩”、发展下线的数量必须达到一定的数额，或者发展的下线人员数量必须达到一定比例，否则之前所有的“销售业绩”“积分”都要归零，不能拿到“奖金”。这就更加迫使参加者不断投入金钱，结果是被传销组织吸干榨净，导致血本无归、倾家荡产，境遇十分凄惨。那些所谓的发大财，月入数万元甚至数百万元的“高级经理”“钻石”“A 级”“B 级”也只不过是传销组织安排用来营造“发财梦”的骗人幌子，有的人甚至根本就不存在。

54. 如何区分直销与传销？

（1）是否以销售产品为企业营运的基础。直销以销售产品作为公司收益的来源；而传销则以“拉人头”牟利或者销售伪劣或质次价高的产品变相拉人牟利，甚至根本就没有产品。

（2）是否有高额入门费。直销企业的推销员无需缴付任何高额入门费，也不会被强制认购货品；而在传销中，参加者通过交纳高额入门费或被要求先认购一定数量的产品作为参与的条件，鼓励不择手段地拉人加入以赚取利润，其公司的利润也是以入门费为主，实际上是一种变相融资的行为。

（3）是否设立店铺经营。直销企业设立开架式或柜台店铺，推销人员直接与公司签订合同，其从业行为直接接受公司的规范与管理；而传销的经营者通过发展人员、组织网络从事地下经营活动。

（4）报酬是否按劳分配。直销企业为愿意勤奋工作的人提供务实创收的机会而非一夜暴富，每位推销员只能按其个人销售额计算报酬，不存在上下线关系；而传销则通过以高额回报为诱饵招揽人员从事变相传销活动，参加者的上线从下线的入会费或所谓“业绩”中提取报酬。

（5）是否有退出、退货保障。直销企业的推销人员可根据个人意愿自由选择继续经营或退出，企业为顾客提供完善的退货保障；而传销通常强制约定不可退货或退货条件非常苛刻，消费者已购买的产品难以退货。

55. 如何识别网络传销？

（1）所谓的推销虚拟产品的“信息网络营销”模式。其主要表现是以电子商务、投资管理、网络游戏、资本运作等名义，通过在互联网上销售所谓的“网络远程教育”“网络工程”“私募基金”“原始股”“基金”“网络游戏币”等虚拟产品，大力鼓吹网络致富的神话，吸纳会员。参加者按照网上信息的指示，交纳一定的“入门费”后，即可获取网站的用户名和密码，并取得加入和发展他人加入的资格，并可依据其发展下线的多少，从下线交纳的钱款中获取一定比例的报酬。

（2）借助互联网推销实物产品发展下线的网络版传统传销

模式。其主要表现形式是，以购物网站为依托，销售化妆品、服装、医疗器械、通信设备甚至骨灰安放格位、绿化林地等实物产品，并制定一套所谓的“会员奖励”制度，要求被发展人员以认购商品的方式交纳入会费用，成为会员后去发展他人加入的资格，并以其直接或间接发展人员所购买的产品金额为依据计算和提取报酬。

（3）通过靠发展下线会员增加广告点击率来给予佣金回报的网络传销模式。其主要表现形式是，传销组织者依托网络，通过发布“点击广告或浏览网页可以赚钱”的信息，诱使用户成为会员。用户通过交纳一定的“系统服务年费”获取会员资格以及推广他人加入的资格。注册会员可每天在其系统平台上点击系统提供的广告来获取一定报酬。同时，注册会员通过其平台推广他人注册，每推广一个可获取一定奖励，注册会员可以无限制发展他人加入，并从中提取报酬。这些就可能是网络传销骗，应提高警惕，避免误入传销陷阱。

“轻点鼠标，您就是富翁！”“坐在家里，也能赚钱！”当人们浏览网页时，往往会被这些广告语所吸引，但这很有可能是网络传销陷阱。这些鼓吹“资本运作”“加盟连锁”“人际网络”“电子商务”等口号，欺骗误导网友加入，都涉嫌网络传销。其一般有两种形式，一种是利用网页散布传销信息，鼓吹轻松赚大钱的思想；另一种就是建立网上交易平台，靠发展会员聚敛财富。无论哪种形式，都是违法犯罪行为。要想不上当受骗，必须时刻保持头脑清醒，理性判断。在遇到相关创业、投资项目时，一定要仔细研究其商业模式。无论打着什么样的旗号，如果其经营的项目并不创造任何财富，却许诺只要你交钱入会、发展人员就能获取“回报”，这时一定要提高警惕，没有什么轻松就能赚大钱的“好事”。

56. 如何分辨正规微商和违法网络传销？

无论违法者有多少新噱头、新花样，都离不开传销的基本套路：

（1）收入门费，需要认购商品或交纳会费取得入门资格。

（2）“拉人头”，需要发展他人成为自己的下线。

（3）设置层级，用下线交纳的费用支付上线报酬。

（4）团队计酬，以直接或间接发展人员的数量或销售业绩为依据计算报酬或奖金。此外，永远不要相信“天上掉馅饼”，不要被暴利诱惑。

57. 如何避开“感情婚恋类”传销陷阱？

（1）异地邀约需警惕。传销分子多会选择异地网友作为“感情邀约”的目标，因此，在网络交友时，对来自异地网友的“热情邀约”，不管对方多么真诚，务必提高警惕。公安部公布的数据表明：广西北海、桂林、南宁、防城港、钦州，云南曲靖，江苏南京，陕西西安，湖北武汉，安徽合肥等地为感情传销案件高发地。

（2）不要妄想“天上掉馅饼”。传销组织常用“小投资大回报”“两三年内就能快速致富”等说辞，诱导他人加入传销活动，切莫相信来自陌生网友的利益诱惑。

（3）小心谨慎保留证据。与网友交往时，注意保存相关证据，一旦不小心身陷传销骗局，双方的聊天记录、转账记录等信息将成为重要依据。

（4）不要盲目相信网络上的“红娘”，一切以“交纳费用”为前提的行为都得特别小心。

（5）增强个人信息保护意识。除了网站注册需要的信息之外，在交友过程中要防止个人信息泄露，如住宅电话、手机号码、办公电话、家庭住址、公司名称，银行卡号等。

（6）不要轻信陌生人。要对陌生人保持警惕，除非你与对方已经有长时间的交往，而且建立起一定的信任，否则轻易不要与对方约会。

（7）交友时保持平常心，步步反思自己。找到感觉合适的交往对象后反思自己想要得到什么。不要强迫自己做使自己或他人不愉快的事情，不要过早过快投入自己的感情和人身。尤其是在约会前，请慎重考虑。

（8）约会时选择公共场所，并告知他人。如果双方的关系发展到可以足够信任对方，且可以单独约会的程度。请在约会前确定一个首要原则：选择公共场所约会，并告知自己的朋友或家人。

（9）建立良好择偶观，不要一味崇拜“高富帅”或“白富美”。在婚姻追求上渴望利益最大化，想通过婚姻改变生活，盲目去追求所谓“高富帅”或“白富美”，并想一夜暴富，这样往往急功近利，容易被骗子欺骗。

（10）不要轻易委身于人。无论是女性还是男性要爱护自己，不要因为金钱或者美色而轻易和人发生一夜情等，多数是在发生一夜情之后，轻者被偷或者沦为小三，重者被割掉器官等。

（11）不要和网友发生借贷关系。交友过程中尽量不要和网友发生钱财或物品借贷关系。如果的确是比较熟悉，请务必留下凭据，避免诈骗事件。

58. 如何防范“网络虚拟货币”“网络游戏”等新型互联网传销欺诈？

（1）个人要严格遵守国家法律，共同抵制和防范以“虚拟货币”“区块链”“ICO”（首次币发行）“STO”（证券型通证发行）“稳定币”及其他变种为名义进行的非法集资行为及传播活动。

（2）警惕不法分子以IFO（首次分叉发行）、IEO（首次交易发行）等花样翻新的名目发行代币，或打着“共享经济”“通证经济”“众筹”“共识经济”等旗号，以IMO（首次矿机发行）方式进行虚拟货币炒作。

（3）理性看待区块链，不要盲目相信天花乱坠的承诺，树立正确的货币观念和投资理念，切实提高风险意识。

（4）入门费不要碰。

（5）“拉人头”不要碰。

（6）按人头抽成不要碰。

（7）了解新型网络传销的惯用词。如：资本运作、消费返利、爱心互助、原始股、虚拟币、动态收益、静态收益、推荐奖、报单奖、对碰奖这些传销惯用词，就要有警觉。不要被这些花哨的概念炒作所蒙蔽。

（8）判断高额收益来源是否合理。要判断所谓的高额回报是不是符合正常的经营规律、商业逻辑。不要被高收益迷住了双眼，要保持头脑清楚，理性判断。

59. 如何辨别理财类传销?

（1）分层级“拉人头”。无论传销如何营造网络理财的形象，投资者首先得明白其本质还是传销。传销的一大特点是分层级“拉人头”。例如，福建沃客理财公司提供的理财项目根据投资金额设定不同等级会员，投资 700 元是一星会员，投资 3.5 万元是六星会员。投资者推荐会员，根据不同会员等级领取 5%～10% 不等的“直推奖”，直推的会员再各自发展会员就会产生“对碰奖”，另有“见点奖”和“领导奖”也是根据发展新会员设定。

（2）夸张的投资回报率。传销无不是以“暴富”来吸引入瓮者的。沃客理财公司打出“投入 3.5 万元，一年秒变 47 万元”“投资 90 天，可以赚 30%，继续投利滚利，一年收益可达 10 倍”的噱头，明显跟真正的理财公司提供的产品收益有很大区别。目前即使是 P2P 网贷理财的平均年化收益率也就在 11% 左右，这种高到不正常的收益，很明显只是为了抓住某些人对于财富的贪欲。

（3）煽动性强的“洗脑”讲课。沃客理财公司讲师用煽动性强的授课视频“洗脑”、忽悠投资者，组织早期投资 XX 理财项目的“成功人士”，忽悠前来咨询的群众及初入沃客理财的会员，讲解项目基本情况和投资奖励制度，引诱他人投资。

2015 年 11 月，中国银行业监督管理委员会（2018 年，与中国保险监督管理委员会合并为中国银行保险监督管理委员会）等四部委发布《以“金融互助”名义投资获取高额收益风险预警提示》，强调此类运作模式违背价值规律。

60. 如何识别慈善传销？

“先交入门费”“拉下线捞本’“按团队计酬”是传销三大特点。尽管传销手法千变万化、层出不穷，但也有共同规律，认清这个共同规律，就能一眼识破，进而采取应对措施。

同时，互联网传销犯罪活动有极强的隐蔽性、欺骗性，广大群众要提高警惕，树立正确的投资理念，警惕利用高科技产品、公益慈善等为噱头的新型网络传销，维护自身财产安全。

更不要相信“天上掉馅饼”。传销公司最常用的话是“让你在消费的同时也赚钱”，这是瞎编乱造，消费就是消费，赚钱就是赚钱，把消费当作职业，永远也别想赚钱。

另外，如果发现情况不对时，一定要机智、冷静应对，在确保自身安全的情况下设法脱离。如果发现该组织从事传销活动的证据，应设法与当地公安、工商机关取得联系，及时举报。

61. 传销喜欢盯着哪些人？

传销组织利用当前中国存在的贫富悬殊、就业压力大、农业改革、农村富余劳动力增加等社会问题，把目标瞄向学生、农民、下岗职工、老年人、退伍军人等人群，以招工、投资可获高额回报、快速致富等为诱饵，将其骗往异地参与传销。

例如，贵州省查处的“广西玛雅生物科技有限公司传销案”中，该公司以“扶贫支农、扶贫助农、服务农民”为幌子，专门诱骗农民和下岗职工参与传销，上当受骗者共计4万多人，涉案金额2000多万元。山东省执法机关查处的“4·08”传销案，参与传销人员多系农民和下岗职工等弱势群体。如A级代理商刘XX发展的网络成员有4623人，其中农民占46.3%，下岗职工占42.6%。

另有一些不法分子，以推销保健品的名义，瞄准中老年人实施诈骗。不法分子多采取帮助中老年人体检进而推销保健品等手段，诱骗群众购买其产品，将中老年人作为其传销对象，致使一些不明真相的中老年人上当受骗。一些传销分子利用退伍战士急于找工作的心理，以搞军训、当保安、开车等名义，许下优厚的待遇，将退伍战士骗入传销团伙。

62. 如何防范家中老人参与传销？

现在的很多传销组织，并不召开封闭式宣讲会对会员进行“洗脑”，而是采取“一对一”对话式的诱骗。60% 以上的受害人年龄都在 50 岁以上。传销组织利用老年人喜欢“小恩小惠”的特点，送一些小礼物吸引老年人去听课。然后，将传销产品宣传得天花乱坠，并声称发布的产品数量有限，价格一路飙升，很快会售罄等消息，促使老年人购买其产品。并利用这一人群的从众心理，施加影响，让更多的人交纳“入门费”，并主动发展下线，心安理得地从下线身上获取提成。

作为子女，应做到以下几点帮助长辈防范传销：

（1）多关注老人的自我价值。老人也想致富，不过有些人不是为了钱，而是为了自我价值——希望自己是个有用的人，而不是一个累赘。

（2）学会主动帮老人打理钱财。碰到这种情况，应该主动去帮父母打理钱财，除掉他们每个月的生活费用，其余的钱可以拿去做理财，如果你不懂得理财，哪怕是把他们的钱存在货币基金也比他们上当受骗强。

（3）拉近与老人的心理距离。有时候，老人其实就像小孩一样，他们希望自己被人关注，自己的需求能够有人满足，如果子女不做的话，传销组织可能会代替你做。

所以即便平时回家的次数少，也要经常跟家里人打打电话、跟老人聊聊天，了解他们的需求，让他们感受到“家”和“爱”的感觉，这样的事情是不能忽视的，再忙也应做到。

63. 亲人朋友陷入传销时怎么办？

（1）要改变说话的方式。如果你没有把握说服对方的话，就不要说太多，你说得越多，他（她）越反感，要学会和解，但是和解不等于认同。一味地指责只能让双方越来越对立，对事情的解决没有帮助，他（她）越对立、越有逆反心理，就越不回头。更不能以分手或断绝关系相要挟，你这么做只会让他（她）的“信念”越坚定，因为他（她）觉得自己没有退路了。所以你要动之以情、晓之以理，多关心他（她），说出你的担心，提醒他（她）“不要只顾埋头拉车，而不抬头看路”，要多长几个心眼，现在骗子太多了，你也是为他（她）好，害怕他（她）上当受骗；要以理服人，摆事实、讲道理，戳穿传销“美丽”的谎言，让他（她）知道事情的真相。这有一定的难度，可以求助反传销的专业人员来做。

（2）要马上破坏他（她）的邀约市场，叫所有的亲朋好友不要去。很多朋友刚得到自己的亲朋好友在做传销的消息时，往往顾虑重重，认为“家丑不可外扬”，为了保住面子而不愿意说出去，这是极端错误的。你的沉默只会让更多的人上当受骗，因为你做传销的亲朋好友骗不到你，他（她）还可以去骗别的不知情的亲朋好友，这样的话只会让他（她）越陷越深。你要马上通知所有的亲朋好友不要去，也不要给他（她）寄钱，破坏他（她）的邀约市场。这是一个狠招，犹如传销组织在邀约时所强调的“断其后路”。传销组织每人一天要交 6 元不等的生活费，交电话费等，所以他们一天的开支在 10 元以上，有的更多。如果他（她）把钱花光了，又骗不到人了（没有发展就没有工资），只能灰溜溜地离开。

64. 如何知道自己被传销“洗脑”了？

（1）一般传销会采取把人员骗到异地参与，实行上下线人员单独联系，而组织者异地遥控指挥。

（2）以“找工作”“合伙做生意”“外出旅游”等为借口，诱骗亲戚朋友、同乡同事等到异地参与传销。

（3）传销组织会过分地编造暴富神话，利用一套貌似科学合理的奖金分配制度的歪理邪说，鼓吹迅速暴富，鼓动人员加入。

（4）对加入传销组织的人以集中授课、交流谈心等方式不间断地灌输暴富思想，使参与者深信不疑。

（5）有的传销组织还会制定一套貌似公平且吸引力很强的

“高额返利计划”，在组织者的鼓噪下，让人产生投资欲望，轻率加入传销活动。

65. 不慎陷入传销组织如何逃离？

（1）保证人身安全。人身安全最重要，一定不要跟传销组织起冲突，他们会实施暴力，所以要表面配合。

（2）保管好随身财物。尽量保管好身份证、银行卡、手机等物品，不让这些物品落入对方手中。

（3）记住地址。要掌握所处的具体位置，楼栋号、门牌号、标志性建筑等，以便求救报警。

（4）装病。尽可能让对方觉得你生病很严重，不得不同意外出就医。

（5）发出求救纸条。偷偷写好求救纸条，趁传销分子不备，利用一切机会抛出纸条求救。

（6）与家人联系暗示危险。如有机会与家人通信，就说一些与事实不符的事情暗示你有危险。也可提前和家人沟通好代表你有危险的暗号。牢记家人朋友的手机号码。

（7）取得信任找寻时机出逃。利用上街和考察时机，突然挣脱向周围人群求救！逃出时一定要提前规划好路线，不要盲目逃跑，最好是努力取得看守人的信任再计划逃跑。

（8）通过 110 报警。一旦逃出传销窝点，立即到安全区域拨打 110 报警。

第六章

禁止黄赌毒

66. 毒品对个人身心健康的危害有哪些?

（1）损害人的大脑和中枢神经系统。吸毒后，人往往容易注意力不集中，反应迟钝，失眠易怒，性情暴躁，生活毫无规律，昼卧夜出，行动迟缓，贪睡懒动，面色黄黑，神情呆滞漠然，身体枯瘦，严重丧失劳动能力，衰竭而死。

（2）损害人的血液循环和微循环系统。以吸食海洛因为例，吸毒者从皮肤上有所反映，发病时汗毛直立、发冷、起鸡皮疙瘩。吸毒达一定量时，皮肤还会出现荨麻疹样毒性反映，起毒疙瘩，常先起于手指缝间，后遍及全身，以四肢、臀部为多。毒疙瘩奇痒，经常搔抓会导致出血感染而形成脓皮病。

（3）极易引起急性中毒。吸毒者为了达到麻醉的快感，往往只能不断加大吸毒剂量，而用量过多或掌握不好，超过了身体对毒品的耐受性，就会引起急性中毒。

（4）会影响和改变人的正常生殖功能，对孕妇和胎儿产生不利的影响。

（5）极易感染各种并发症。吸毒成瘾者夜间不睡，白天不起，每天只吃一餐饭，造成营养不良，体重下降，逐渐消瘦，身体抵抗力降低。这些吸毒者醉死梦生，生活极不规律，吸毒方式不卫生，共用吸毒用具，特别是注射不消毒，共用注射器和针头，毒瘾发作，随便就用身边的液体作海洛因的溶剂，而且海洛因又因贩毒者为追求更高的利润而掺假，有头痛粉、洗衣粉等，因此极易感染肝炎、脓肿、血栓、肺炎、败血症、破伤风、痢疾、性病、艾滋病等。

67. 毒品对人的身体有什么伤害?

毒品作用于人体，使人体体能产生适应性改变，形成在药物作用下的新的平衡状态。一旦停掉药物，生理功能就会发生紊乱，出现一系列严重反应，称为戒断反应，使人感到非常痛苦。用药者为了避免戒断反应，就必须定时用药，并且不断加大剂量，使吸毒者终日离不开毒品。

68. 毒品对人的精神有什么危害?

毒品进入人体后作用于人的神经系统，使吸毒者出现一种渴求用药的强烈欲望，驱使吸毒者不顾一切地寻求和使用毒品。一旦出现精神依赖后，即使经过脱毒治疗，在急性期戒断反应基本控制后，要完全康复原有生理机能往往需要数月甚至数年的时间。

更严重的是，对毒品的依赖性难以消除，这是许多吸毒者一而再、再而三复吸毒的原因，也是世界医药学界尚待解决的课题。

69. 吸毒对社会有什么危害性?

（1）吸毒诱发犯罪，影响社会稳定。吸毒与犯罪是一对“孪生兄弟”，吸毒者在耗尽个人和家庭钱财后，为了维持吸毒，往往会铤而走险，走上违法犯罪的道路，进行以贩养吸、贪污、诈骗、盗窃、抢劫、凶杀等犯罪活动，严重危害社会治安。

（2）吸毒吞噬社会巨额财富。吸毒不仅不会创造任何积极意义上的社会财富，而且严重损耗社会财富，纯粹是一种恶性消费。

（3）吸毒毒害社会风气。吸毒者失去正常人应有的道德观念、伦理准则和是非标准，自私、冷漠、精神空虚、人格低下，毫无自我约束能力，沉溺于毒品感官刺激之中，严重败坏社会风气，腐蚀人的灵魂，破坏社会道德，摧毁民族精神。

70. 吸毒对家庭有什么危害?

（1）吸毒对家庭成员的精神摧残。家庭中只要有一个人吸毒，那么这个家庭就会失去往日的宁静、和谐、幸福和快乐。

（2）吸毒导致倾家荡产、家破人亡、众叛亲离。吸毒需要大量的金钱，一般家庭难以承受，就是家产富裕的，用不了多久也会一贫如洗。

（3）吸毒贻害后代。吸毒不仅危害自身健康，还影响人的生育能力，父母吸毒对胎儿发育和儿童生长将造成严重损害。

（4）一个吸毒人员自己总结败家的四部曲：花光积蓄，卖尽家产，借遍亲友，男盗女娼。

71. 常见的毒品有哪些？

根据《中华人民共和国刑法》第三百五十七条规定，毒品是指鸦片、海洛因、甲基苯丙胺（冰毒）、吗啡、大麻、可卡因以及国家规定管制的其他能够使人形成瘾癖的麻醉药品和精神药品。《麻醉药品及精神药品品种目录》中列明了121种麻醉药品和130种精神药品。毒品通常分为麻醉药品和精神药品两大类。其中最常见的主要是麻醉药品类中的大麻类、鸦片类和可卡因类。

典型的传统毒品主要有：鸦片、海洛因、吗啡、大麻、可卡因、杜冷丁（哌替啶）、古柯。

典型的新型毒品主要有：甲基苯丙胺（冰毒）、摇头丸、K粉、咖啡因、三唑仑（俗称迷药、蒙汗药、迷魂药）、羟基丁酸、安纳咖、氟硝西泮、麦角乙二胺（LSD）、甲喹酮、丁丙诺啡、地西泮及有机溶剂和鼻吸剂等。

72. 如何戒毒?

（1）心瘾消除法，即“药物戒断 + 全麻脱瘾 + 心瘾消除 + 人格重塑 + 家庭重建 + 高效工作 + 回归社会”，简称“5 + 2”疗法。是从身体、心理、家庭和社会等多个角度进行系统化、综合化干预，针对不同成瘾疾病再进行优化。

（2）自然戒断法，是指强制中断吸毒者的毒品供给，仅提供饮食与一般性照顾，使其戒断症状自然消退而达到脱毒目的的戒毒方法。其特点是不给药，缺点是较痛苦。

（3）药物戒断法，是指给吸毒者服用戒断药物，以替代、递减的方法，减缓、减轻吸毒者戒断症状的痛苦，逐渐达到脱毒目的的戒毒方法。其特点是使用药物脱毒，减轻患者痛苦。

（4）非药戒断法，是指用针灸、理疗仪等，减轻吸毒者戒断症状反应的一种戒毒方法。其特点是通过辅助手段和“心理暗示”的方法减轻吸毒者戒断症状的痛苦，达到脱毒目的。缺点是时间长，巩固不彻底。

73. 发现家庭成员吸毒怎么办?

（1）及时尽早发现。家庭成员一旦开始吸毒，会表现出诸多行为及特征。首先是身体反常信号，如无原因突然显著地消瘦或增胖；常常眼泪汪汪或目光呆滞，瞳孔大小与平日不一样；未患感冒或过敏症，但是经常流鼻涕或流鼻血；手臂、大腿内侧、腋下等身体部位有针孔，用长袖衬衣或者文身来掩盖针孔；身上有不正常的瘀青等。其次是行为特征反常，主要表现在性格变得孤僻，对家庭活动不感兴趣，喜欢独处；个人习惯和兴趣爱好突变；无故旷课、旷工，纪律和工作表现突然变坏；在家偷钱或值钱的东西，或者经常向亲朋好友借钱；藏有毒品或吸毒工具，如注射器、锡纸、切断的吸管、匙羹、烟斗等。再次是心理变化，主要表现为情绪不稳定，喜怒无常或是出现幻视、幻听、妄想症等。这些身体、行为、心理方面的特征表明家庭成员可能沾染了毒品，但是若想确定家人是否真的吸毒，还需要进行科学的检测。

（2）正确认识吸毒人员的三重性，对多次吸食的家人应强制戒毒。无论是成年人还是青年人，作为吸毒人员都具有三重性：吸毒人员是违法人员，必须接受戒毒；吸毒人员是脑疾病患者，需要接受必要的治疗康复；吸毒人员是受害者，需要全社会的关爱，帮助其回归社会。面对吸毒的家庭成员，应对其进行耐心细致的说服教育工作，使其认识到吸毒成瘾的严重危害。家人还应当将吸毒的家庭成员送到具有戒毒治疗资质的医疗机构接受自愿戒毒治疗，安全、有效地帮助其脱毒。

（3）参加社区戒毒或强制隔离戒毒。对于叛逆心理强的未成年人，或是不予配合戒毒的成年人，应当向公安机关、街道办事处等基层组织寻求帮助，进而参加社区戒毒。对于拒绝接受社区戒毒，在社区戒毒期间吸食、注射毒品的，以及严重违反社区戒毒协议，经社区戒毒后再次吸食、注射毒品的，应当进行强制隔离戒毒。

家庭成员要让戒毒人员感受到家庭温暖，“吸毒人员戒毒的成功与否，与家庭自始至终的配合密切相关”。警方表示，为了使戒毒获得成功，吸毒的家庭成员接受专业戒毒与康复后，家人首先应该注意的是对其严格监督，断绝一切毒源，拒绝一切毒友，绝不能一边戒毒、一边偷吸；其次应当让吸毒的家庭成员感受到家庭的温暖，从而建立积极健康的生活方式。

74. 如何有效辨别吸毒人员？

第一，“望”（目视）。

（1）观察外貌特征。年龄一般在20～40岁之间，以男性居多。身上有文身或手臂有烟疤，衣着配饰较为奇特的社会人员涉毒嫌疑较大。

（2）观察精神面貌。吸毒人员普遍体型偏瘦、面色发白、萎靡不振，精神状态欠佳。

（3）工作谈话无精打采，经常走神。

（4）脸色发暗、发痘，皮肤干燥、瘙痒。

第二，“闻”（味道）。

（1）体味发霉、腐臭等难以形容的不正常气味。

（2）家里卫生间及车内有怪味。吸毒人员会在身上及车内喷洒气味浓重的香水。

第三，“问”（交流）。

（1）情绪低落、不愿交谈，不关心他人和家事。

（2）吸毒人员普遍记忆力较差，回答相同问题也会前后矛盾。

（3）支出不透明，家人问不出动向。

（4）对毒品专业词汇十分敏感，神色慌张。

第四，“切”（观察）。

（1）特别喜欢软饮料。

（2）胃口不好、厌食。

（3）行为诡异，总担心别人知道什么。

（4）手机、微信中有暗语。

（5）讲话不停或习惯性不停地玩手机。

（6）半夜回家，一睡就是10多个小时。

（7）家里或包里有疑似毒品包装物，如锡纸、吸管、小塑料袋等。

75. 青少年应如何预防吸毒？

（1）加强毒品基本知识和禁毒法律法规教育，了解毒品的危害，懂得“吸毒一口，掉入虎口”的道理。

（2）树立正确的人生观，不盲目追求享受、寻求刺激、赶时髦。

（3）不听信毒品能治病，毒品能解脱烦恼和痛苦，毒品给人带来快乐等各种花言巧语。

（4）不结交有吸毒、贩毒行为的人。如发现亲朋好友有吸毒行为的，一要劝阻，二要远离，三要报告公安机关。

（5）进歌舞厅要谨慎，决不吸食摇头丸、K粉等兴奋剂。

（6）即使自己在不知情的情况下，被引诱、欺骗吸毒一次，也要珍惜自己的生命，不再复吸。

76. 禁止毒品种植有什么规定？

《中华人民共和国禁毒法》第十九条规定，国家对麻醉药品药用原植物种植实行管制。禁止非法种植罂粟、古柯植物、大麻植物以及国家规定管制的可以用于提炼加工毒品的其他原植物。禁止走私或者非法买卖、运输、携带、持有未经灭活的毒品原植物种子或者幼苗。

地方各级人民政府发现非法种植毒品原植物的，应当立即采取措施予以制止、铲除。村民委员会、居民委员会发现非法种植毒品原植物的，应当及时予以制止、铲除，并向当地公安机关报告。

77. 社区戒毒的法律规定有哪些？

《中华人民共和国禁毒法》第三十三条规定，对吸毒成瘾人员，公安机关可以责令其接受社区戒毒，同时通知吸毒人员户籍所在地或者现居住地的城市街道办事处、乡镇人民政府。社区戒毒的期限为三年。

戒毒人员应当在户籍所在地接受社区戒毒；在户籍所在地以外的现居住地有固定住所的，可以在现居住地接受社区戒毒。

《中华人民共和国禁毒法》第三十四条规定，城市街道办事处、乡镇人民政府负责社区戒毒工作。城市街道办事处、乡镇人民政府可以指定有关基层组织，根据戒毒人员本人和家庭情况，与戒毒人员签订社区戒毒协议，落实有针对性的社区戒毒措施。公安机关和司法行政、卫生行政、民政等部门应当对社区戒毒工作提供指导和协助。

城市街道办事处、乡镇人民政府，以及县级人民政府劳动行政部门对无职业且缺乏就业能力的戒毒人员，应当提供必要的职业技能培训、就业指导和就业援助。

《中华人民共和国禁毒法》第三十五条规定，接受社区戒毒的戒毒人员应当遵守法律、法规，自觉履行社区戒毒协议，并根据公安机关的要求，定期接受检测。对违反社区戒毒协议的戒毒人员，参与社区戒毒的工作人员应当进行批评、教育；对严重违反社区戒毒协议或者在社区戒毒期间又吸食、注射毒品的，应当及时向公安机关报告。

78. 赌博的危害是什么？

（1）财产尽失。“久赌必输”是赌博最直接的危害。赢钱只是偶尔和偶然的，只有输钱是必然的。

（2）反目成仇。在生活中，因为赌博反目成仇的事例层出不穷，甚至有的人在赌博中因输红了眼而失去理智，去伤害赢了他钱的人或者伤害无辜的人，以此发泄自己的情绪。

（3）玩物丧志。人一旦参与赌博，那种“来钱快、去钱快”的感受会让你无心再去做别的工作。

（4）破坏家庭。赌博会造成亲人之间产生矛盾并影响整个家庭的和谐。

（5）损害身心健康。很多人赌博会影响中枢神经系统功能、心脏功能、血液循环系统功能及呼吸道系统功能。女性赌博者来说，长期赌博会造成胎儿畸形，甚至流产。

（6）延伸出其他犯罪，比如盗窃、抢劫等等。

79. 新型网络赌博有哪些方式？

网络赌博作为新型的赌博方式，快速在网络、手机上蔓延。利用计算机网络开设赌场，或者为赌博网站兼任代理，以及明知道他人实施网络赌博行为还为其提供技术支持和资金结算服务的行为，都涉嫌赌博罪。

常见的网络赌博主要有以下四种模式：

（1）利用网站或 APP（应用程序），通过直播的方式把线下赌场搬上网络，赌客只要注册个人账户并充值后，即可参与赌博。

（2）基于体育竞技、福利彩票的结果等进行外围赌博，比如赌球网站等。

（3）不法分子恶意利用移动支付平台和网络红包衍生出的新型赌博形式。

（4）利用一些休闲游戏平台，不法分子通过盗号、外挂、作弊等非法手段获取大量游戏币，并向玩家兜售，与人民币进行双向兑换，利用差价和“汇率”牟利。很多网友因为网络赌博而倾家荡产、妻离子散。

网络赌博由于比传统赌博更隐蔽便捷、更容易吸引民众参与，不受空间限制，故参与人员广，涉赌资金多，社会危害大。

80. 如何处罚赌博违法犯罪行为？

《广东省禁止赌博条例》第三条规定，以营利为目的，聚众赌博或者以赌博为业的，依照《中华人民共和国刑法》第一百六十八条的规定予以处罚，可以并处5万元以上10万元以下罚金。

《广东省禁止赌博条例》第四条规定，有下列行为之一，尚不够刑事处罚的，实行劳动教养，可以并处3000元以上3万元以下罚款：

（1）参与赌博，个人参赌的财物在5000元以上的；

（2）因赌博被公安机关处理后又继续赌博的；

（3）多次为赌博提供场所、赌资、赌具、交通通讯工具的；

（4）多次为赌博放哨、通风报信、护场的；

（5）教唆、诱骗、胁迫他人赌博的；

（6）在道路、车站、码头、公园、客车、客轮等公共场所设赌的。

《广东省禁止赌博条例》第五条规定，有下列行为之一的，处15日以下拘留，可以单处或者并处3000元以下罚款：

（1）参与赌博，个人参赌的财物在5000元以下的；

（2）为赌博提供场所、赌资、赌具、交通通讯工具的；

（3）为赌博放哨、通风报信、护场的。

《广东省禁止赌博条例》第六条规定，明知他人用于赌博而提供的贷款或者在赌博中产生的债务，不受法律保护。

《广东省禁止赌博条例》第七条规定，阻挠公安人员查处赌博，尚不够刑事处罚的，处15日以下拘留，或者实行劳动教养，可以并处5000元以下罚款。

《广东省禁止赌博条例》第十一条规定，旅馆业、饮食服务业、文化娱乐业、交通运输业等单位，对发生在本单位的赌博，放任不管、不采取措施制止、不向公安机关报告的，由公安机关处1万元以上3万元以下罚款，并可以责令其限期整顿、停业整顿；经整顿仍不改正的，由工商行政主管部门吊销营业执照。对直接负责的主管人员和其他直接责任人员，由本单位或者上级主管部门予以行政处分，由公安机关处5000元以下罚款。

出租屋业主或者受委托的出租屋管理人对发生在出租屋的赌博放任不管、不向公安机关报告的，由公安机关处3000元以上 1 万元以下罚款。

81. 农村赌博有哪些新特点？

（1）涉毒人员向“两个群体”蔓延。一些因征地拆迁补偿等形成的“暴富”群体，把赌博作为主要的娱乐消遣活动，甚至“一掷千金”、因赌致贫，给当地社会稳定埋下隐患；一些农村“三留守”人员（留守妇女、留守儿童、留守老人）无所事事，沉迷于不法分子开设的小赌桌，造成不良社会影响。

（2）参赌方式更趋多样化。一些不法分子不断变换赌博花样，并开始向“网络空间”转移，通过网络游戏、微信红包等方式组织网络赌博，涉及资金更多、更难被发现，参与人员不断增多且呈年轻化趋势；部分赌博行为向更隐蔽空间转移，一些不法分子在偏僻地区开设“流动赌场”，每天有几十个人甚至上百人进出，赌资高达几十万元甚至上百万元。

82. 为什么要扫黄？

（1）万恶淫为首。易导致社会风气败坏，引起各种各样的社会犯罪，损害身心健康。

（2）传统观念。由于中国人对于性教育方面还是比较保守的，很多未成年人没有正规的渠道可以了解，而越是这样越好奇，于是黄色文化在青少年中也很有市场，其后果是产生一系列社会道德问题。

（3）生理方面。主要是性早熟、手淫习惯的养成，还有前列腺长期充血，引发前列腺炎等病状。但只要能得到正常的教育，保持正常的心态，这些都是可以避免的。

83. 什么是“扫黄打非”？

“扫黄打非”是文化市场管理的一个专业术语，是一项执法活动，是维护国家文化安全和文化市场秩序的重要举措。

“扫黄”是指扫除有黄色内容的书刊、音像制品、电子出版物及网上淫秽色情信息等危害人们身心健康、污染社会文化环境的文化垃圾。

“打非”是指打击非法出版物，即打击违反《中华人民共和国宪法》规定的破坏社会安定、危害国家安全、煽动民族分裂的出版物，侵权盗版出版物以及其他非法出版物。

84. 国家对哪些方面的“扫黄打非”举报有奖励？

第一，国家奖励以下“扫黄打非”举报：

（1）出版、制作、印刷、复制、发行、传播、寄递、储运含有下列违禁内容的出版物（含网络出版物）行为。

①反对宪法确定的基本原则的；②危害国家统一、主权和领土完整的；③泄露国家秘密、危害国家安全或者损害国家荣誉和利益的；④煽动民族仇恨、民族歧视，破坏民族团结，或者侵害民族风俗、习惯的；⑤宣扬邪教、迷信的；⑥扰乱社会秩序，破坏社会稳定的；⑦宣扬赌博、暴力或者教唆犯罪的；⑧侮辱或者诽谤他人，侵害他人合法权益的；⑨危害社会公德或者民族优秀文化传统的；⑩有法律、行政法规和国家规定禁止的其他内容的。

（2）出版、制作、印刷、复制、发行、传播、寄递、储运淫秽出版物（含网络出版物）、印刷品及相关信息的行为。

（3）未经著作权人许可，复制、发行其文字、音乐、电影、电视、录像作品、计算机软件以及其他作品，同时损害公共利益的行为。

（4）擅自印刷、复制、出版或大量寄递、储运他人及相关企业、单位享有专有出版权的出版物的行为。

（5）未经批准，擅自设立出版单位或者擅自从事出版物的出版、印刷或者复制、发行业务，擅自从事内部资料性出版物的编印、发送活动。

（6）伪造、假冒出版单位或者报纸、期刊名称出版出版物及设立网站。

（7）擅自印刷或者复制、发行境外出版物，非法进口境外出版物、非法携带有违禁内容或超出个人自用数量的境外出版物入境。

（8）买卖书号、刊号、版号及相关许可证书的行为。

（9）淫秽色情网站、客户端和其他网上淫秽色情信息；利用网络社交平台、即时通信工具、网络存储及存储介质等方式制作、复制、出版、贩卖、传播淫秽色情信息。

（10）制作、复制、出版、贩卖、传播损害未成年人身心健康的暴力、凶杀、恐怖、赌博的出版物、网络出版物、印刷品以及相关信息。

（11）制作、复制、出版、贩卖、传播危害社会公德、公序良俗，违背社会主义核心价值观的内容低俗、庸俗、媚俗的出版物、网络出版物及相关信息。

（12）因出版物（含网络出版物）和印刷品内容问题，可能影响意识形态安全或引发社会不稳定因素的线索。

（13）假报刊、假记者站、假记者以及制作、传播假新闻的违规违法行为。在互联网上假冒新闻媒体、新闻网站和新闻记者，打着舆论监督名义进行诈骗、敲诈的行为。

（14）新闻出版单位及从业人员涉及新闻出版相关工作的违规违法行为。

（15）利用网络平台和相关渠道，针对境内推销、传播有违禁内容的境外出版物及相关信息行为。

（16）其他可能影响意识形态安全和文化安全的涉“黄”涉“非”问题。

第二，举报奖励应当同时符合以下条件：

（1）有明确的举报对象、事实及相关证据。

（2）举报内容经相关“扫黄打非”部门核查确认，属于第一举报人。

（3）举报内容经查证属实并依法作出处理。

第三，有下列情形之一的，不属于举报奖励范围：

（1）“扫黄打非”部门工作人员及其委托代理人或利害关系人的举报。

（2）属于申诉案件的举报。

（3）侵权盗版等行为的直接利害关系人或其委托代理人的举报。

（4）其他不符合法律法规规定的情况。

85. 举报“扫黄打非”的奖励标准是什么？

（1）对于一般举报有功人员，举报非法出版活动（含网上网下）按照每案所涉及出版物（包括内部资料性出版物）经营额的2%以内的奖励金予以奖励（个案奖励金不超过60万元）；不能核实经营额（违法所得）或经营额（违法所得）低于5万元的，视案件情况给予1000～5000元的奖励。

（2）举报非法出版活动的生产、经营和运输等设备的，按每案罚没款10%以内予以奖励；如未能形成罚没款，可按没收设备依法拍卖所得的5%以内予以奖励（上述个案奖励金均不超过60万元）；经核算，奖励金不足1000元的，按1000元标准予以奖励。

（3）举报非法光盘生产线非法复制光盘的，按照每条生产线10万~20万元予以奖励；举报正规光盘生产企业未经授权擅自复制光盘，按照1万~10万元的奖励金予以奖励；举报集成刻录生产盗版光盘的，按第（2）项执行。

（4）举报制作、复制、出版、贩卖、传播淫秽色情、凶杀暴力等违禁内容以及其他校园欺凌、自杀自残、虐童施暴等危害未成年人身心健康、危害社会公德的网站、客户端以及网络社交平台、即时通信工具、网络存储及存储介质等，举报对象被依法处理，或有害信息被删除后，给予举报人1000元奖励；对形成行政处罚案件的，给予举报人1000~5000元奖励；对形成刑事案件的，给予举报人5000~10000元奖励；对提供重大违法案件线索、为打击网上违法犯罪行为做出重要贡献的，每条给予2万~5万元奖励。

（5）举报新闻敲诈、假新闻、假媒体、假记者站、假记者，擅自设立或者伪造、假冒出版单位的，给予1000元奖励；对形成行政处罚案件的，给予举报人1000~5000元奖励；对形成刑事案件的，给予举报人5000~10000元奖励。

（6）举报买卖书号、刊号、版号及许可证书等新闻出版相关工作违法违规行为的，按第（5）项执行。

（7）举报擅自印刷或者复制、发行境外出版物，非法进口境外出版物、非法携带有违禁内容或超出个人自用数量入境的；举报利用网络平台和相关渠道，针对境内推销、传播有违禁内容的境外出版物及有关信息的，给予举报人1000元的奖励，形成行政处罚及刑事案件的，每案给予举报人1000~10000元的奖励。

（8）举报反映出版物（含网络出版物）、印刷品及相关信息内容存在问题，可能影响意识形态安全或引发社会不稳定因素的，给予举报人1000元奖励；形成行政处罚和刑事案件的，每案给予举报人1000～10000元的奖励。

（9）举报反映影响意识形态安全和文化安全的其他涉“黄”涉“非”问题和线索，并对妥善处置工作发挥重要作用、取得良好社会效果的，给予举报人1000～10000元的奖励。

（10）举报的有关非法活动被列为全国“扫黄打非”工作小组办公室挂牌督办案件，或有其他特殊重大贡献者，奖励金可以报全国“扫黄打非”工作小组审批后适当增加，最高不超过本办法规定的奖励金额上限。

（11）一人向不同的“扫黄打非”部门举报同一非法行为的，只能获得一次奖励；两人以上先后举报同一非法行为的，奖励第一举报人；两人以上共同举报同一非法行为，由受理举报的“扫黄打非”部门确定奖励金额后举报人自行协商分配，协商不成的，奖励平均分配。

第七章 反邪教与反恐怖主义

86. 什么是邪教?

邪教是指冒用宗教、气功或者其他名义建立，神化首要分子，利用制造、散布歪理邪说等手段蛊惑、蒙骗他人，发展、控制成员，危害社会的非法组织。邪教大多是以传播宗教教义、拯救人类为幌子，散布谣言，且通常有一个自称开悟的具有超自然力量的教主，以秘密结社的组织形式控制群众，一般以不择手段地敛取钱财为主要目的。

87. 邪教有什么特征?

（1）崇拜教主。邪教都宣称，其教主是掌握特殊法术、具有超自然能力的神人，可以用他的神通和法力治病、度人。成员们把教主当成神，顶礼膜拜，绝对服从。而教主则胡作非为，独断专行，组织专制结构，建立邪教王国。神化和崇拜教主是邪教的突出特征，与宗教信仰神有着根本区别。

（2）秘密结社。邪教都是反人类、反科学、反社会、反政府的，行动诡秘，神不知鬼不觉，一般都进行秘密活动，建立地下组织，发展、控制成员。

（3）非法敛财。邪教组织一段是通过出版推销邪教书籍、开设邪教讲座、开展迷信服务、出售邪教音像制品、收取咨询治疗费、交纳入教费和奉献金来诈骗成员，聚敛钱财。有的邪教组织通过搞非法经营，偷税漏税，成为暴发户。

（4）散布歪理邪说。最主要的是“末世论”“劫难说”“巫力论”和“天国说”，宣扬神秘主义，制造恐怖气氛，用以蛊惑人心、控制成员。同时宣称有一种神奇的方法，不仅可以治病、健身，而且使人获得超自然力，从而帮助成员躲避灾难，进入幸福的天国。一些有身心问题或意志薄弱的人，往往是这种歪理邪说的受害者。

（5）实施精神控制。邪教诋毁宗教、贬损科学，实际上就是让成员放弃常人的思维，在思想上、心理上和行为上自我封闭、与世隔绝，以达到精神控制的目的。有的邪教剥夺成员的行动自由和隐私权，用冥想、催眠、欺骗、恐吓、心理诱导、精神治疗等办法对他们进行控制。在邪教的恶意操纵下，成员的身心健康严重损害，易丧失正常人格、判断力和独立生活能力，远离家庭和社会，任凭教主和邪教组织操纵和摆布。

88. 邪教是如何害人的？

（1）邪教对其信徒实行精神控制，信徒必须遵循“精神领袖”的旨意而行动。这种精神控制之严重，早已超乎人们的想象。

（2）邪教通过信徒大肆敛财。邪教头目几乎都这样做，因此邪教往往拥有强大的经济实力。邪教敛财的手段也是多种多样的，有的邪教要求入会者交纳年收入的3%作为“会费”，有的通过举办培训班收取费用；有的出版会刊、教刊等。

（3）邪教脱离正常社会生活。邪教的内部法则高于正常的社会法规，信徒必须首先遵守“会规”。使信徒脱离社会，就能使信徒失去家庭和朋友的帮助，彻底被纳入邪教内部。有的即使后悔，也难以脱身了。

（4）邪教侵犯个人身体。特别是对女性信徒和儿童来说，人身侵犯，包括性侵犯已是邪教信徒中经常出现的悲剧。

（5）邪教吸收儿童入会。中国法律是禁止向儿童传授宗教内容的，但邪教毫无顾忌。

（6）邪教具有反社会性质，即社会是如此“丑恶”，只有加入“教会”才能净化灵魂。

（7）邪教扰乱社会正常秩序。

（8）邪教不断引起司法纠纷。例如，邪教对一位写书揭露其邪教实质和内幕的记者富贝尔进行围攻和提出起诉，说他无理攻击“科学神教”。法院最终判处“科学神教”败诉。

（9）邪教经常性地转移资金。

（10）邪教试图渗入公共权力机构，以求扩大影响。正如富贝尔所披露的，“科学神教”已经渗透到法国内政部、文化部等政府部门，甚至渗透到法国已故前总统密特朗周围。

89. 邪教有哪些社会危害？

（1）扭曲灵魂，迷失方向。邪教组织利用宗教往往能给人带来心灵安慰和精神寄托的特点，以宗教为幌子，利用一些人对社会上存在的某些问题的迷茫失落的心态，大肆宣扬世界上的灾难，声称只有加入他们的组织，才能躲过劫难，才能使灵魂升入天堂，才能“圆功德”“成正果”等，蒙骗教徒，使其迷失方向。

（2）摧残健康，残害生命。邪教组织编造荒诞的邪说，使无数成员因贻误治病时间而造成或死或伤或精神失常。教主还不爱惜教徒生命，制造集体自杀或绑架、暗杀、爆炸等事件，其残忍、疯狂之举令世界震惊。

（3）破坏亲情，分裂家庭。邪教组织散布歪理邪说与心理诱导，导致教徒的思想、情意、情感和行为逐渐变得与现实生活格格不入，孤僻、褊狭、叛逆、敌意，不容亲情、不讲人性，对工作、生活、家庭没有责任心。因此，有精神疾患家族史的人常常出现种种妄想、幻觉、自残、自杀与暴力行为，造成家庭与社会的悲剧。

（4）扰乱稳定，危害社会。邪教组织的所作所为，导致人们思想混乱、行为失范、人格分裂、精神失常，破坏家庭亲情和人际关系，严重践踏成员的人权。邪教的敛财骗色、非法经营、偷税漏税、非法集会、诡秘活动等，扰乱了公共秩序，对社会造成极大的危害。

（5）对抗政府，威胁政权。正常的宗教活动，一般都遵守所在国政府的法令，与现行社会相适应，不干预国家政治，不进行反社会、反政府的活动和其他违法活动。而邪教组织则披上一层“政治色彩”。如“法轮功”邪教组织煽动和教唆群众与党离心离德，与人民政府作对，破坏社会秩序。并在境外敌对势力支持下，疯狂地攻击和否定改革开放的中国、攻击和否定中国共产党领导，其政治野心昭然若揭。

90. 我国的主要邪教有哪些？

我国明确认定的邪教组织有14个：法轮功、全能神、徒弟会、灵灵教、新约教会、观音法门、主神教、被立王、统一教、三班仆人派、灵仙真佛宗、天父的儿女、达米宣教会、世界以利亚福音宣教会。

91. 如何识别邪教？

（1）看“教主”是否活着。如果“教主”是活着的人，大体上可以怀疑是邪教。

（2）看所宣扬的内容。如果违背伦理道德，对抗现实社会，吹嘘“教主”无所不能，要求信徒舍弃一切追随“教主”并绝对服从，大体上可以判定为邪教。

（3）看对现世的态度。邪教对生命的基本态度是弃绝、攻击，对人世的基本态度是污蔑这个世界已经坏到了极点，应当破坏并尽快离开它。

（4）看活动方式。邪教采用秘密结社的方式，一般实行单线联系，使用“灵名”“暗语”，聚会活动时鬼鬼祟祟，并有人望风。

92. 如何防范和抵制邪教？

（1）提高警惕，认清“法轮功”等邪教组织的反动本质。严格遵守国家法律法规和社会公德、职业道德、家庭美德，讲科学、讲文明、树新风，积极参加健康文明的文体活动，自觉抵制邪教的侵蚀。

（2）态度要坚决，对“法轮功”等邪教组织的反动宣传要做到不听、不看、不信、不传。

（3）要敢于斗争，积极配合公安机关和有关部门打击“法轮功”等邪教组织的违法犯罪活动。

（4）如发现“法轮功”等邪教分子在非法串联、秘密集会、聚众闹事，印刷、偷运、散发、邮寄大量反动宣传品，书写、喷涂、悬挂、张贴“法轮功”邪教内容的反动标语，搞电视插播等，要立即报告当地政府有关部门或拨打110报警。

（5）如有人向你宣传“法轮功”“三退”“九评”等内容，或向你传递“法轮功”邪教组织的宣传品（光盘、书籍、印刷品等），要在第一时间报警，协助公安机关制止其行为。

（6）当见到“法轮功”等邪教的传单、信件、邮件、光盘、传真等反动材料时，应立即报告公安机关或单位保卫部门，由公安（保卫）人员进行查证处理。

（7）当收到“法轮功”等邪教宣传内容的手机短信、电子邮件时，要立即将其删除；如接到邪教宣传内容的骚扰电话，要直接挂断。

（8）当发现人民币上印有“法轮功”等邪教内容的字样，要及时向公安机关报告，之后再到银行兑换，避免继续流通，造成恶劣影响。

（9）当发现有喷涂“法轮功”等邪教内容的标语、悬挂“法轮功”等邪教内容的横幅时，要及时向公安机关报告。

（10）当发现家人及亲戚朋友练习“法轮功”等参与邪教活动时，要坚决反对，耐心说服教育和正确引导。

93. 对于处理邪教问题有什么法律规定？

《中华人民共和国刑法》第三百条规定，组织、利用会道门、邪教组织或者利用迷信破坏国家法律、行政法规实施的，处三年以上七年以下有期徒刑，并处罚金；情节特别严重的，处七年以上有期徒刑或者无期徒刑，并处罚金或者没收财产。

组织和利用会道门、邪教组织或者利用迷信蒙骗他人，致人死亡的，依照前款的规定处罚。

组织和利用会道门、邪教组织或者利用迷信奸淫妇女、诈骗财物的，分别依照《中华人民共和国刑法》第二百三十六条、第二百六十六条的规定定罪处罚。

1999 年 10 月 30 日，第九届全国人大常委会通过的《全国人民代表大会常务委员会关于取缔邪教组织、防范和惩治邪教活动的决定》明确指出，对邪教组织要坚决取缔。最高人民法院、最高人民检察院也先后两次就关于办理邪教组织犯罪案件问题作出了司法解释，为取缔和打击邪教组织提供了有力的法律武器。

《中华人民共和国治安管理处罚法》第二十七条规定，有下列行为之一的，处 10 日以上 15 日以下拘留，可以并处 1000 元以下罚款；情节较轻的，处 5 日以上 10 日以下拘留，可以并处 500 元以下罚款：

（1）组织、教唆、胁迫、诱骗、煽动他人从事邪教、会道门活动或者利用邪教、会道门、迷信活动，扰乱社会秩序、损害他人身体健康的；

（2）冒用宗教、气功名义进行扰乱社会秩序、损害他人身体健康活动的。

此外，邪教活动违反《中华人民共和国集会游行示威法》《未成年人保护法》《社团管理登记条例》等法律法规的，也要承担相应的法律责任。

94. 邪教拉人入教的主要手段有哪些?

（1）玩弄人性弱点。邪教头目利用人们自身没安全感，寻找那些承受巨大压力的人并主动提供解决之道。比如，刚经历丧夫之痛的女性更容易被拉入宣称“能助人应对失去”的组织。他们经常在大学、援助组织和宗教集会中搜索猎物，为人们复杂的个人问题和社会问题提供应对之法。

（2）巧妙利用从众压力。邪教常从大肆宣扬的会议开始，巧妙利用他们所设计的从众压力来设置圈套。会议期间，你会被介绍给善良热心的人们，献身于一项伟大的事业。一段时间过后，你就会觉得难受，除非你加入其中并且也兴奋起来。他们通过随访电话和会议来维持这种压力，直到你承诺成为其中一员。

（3）情感攻势。邪教组织利用“人类是无法忍受孤独的”特点，要你按他们所说的做，就与你成为“即时朋友”。而这种亲密很快就会被利用来操纵和孤立新成员，从而达到新成员行动的目的。

（4）提供独占权。他们向信众提一些不是每个人都能享受到的东西当作诱饵，包括类似于金钱和宗教救赎这样的奖励。信众为了得到这些奖励，就遵循他们的制度，按他们所说的做。

（5）控制饮食和睡眠。邪教头目通过限制新成员的睡眠时间，影响其正常的思维过程，使他们更容易被说服。

（6）孤立隔绝。邪教头目想让你相信，与教会外的人有任何关系都会阻止你达成目标。

（7）产生依赖。邪教头目希望你事事依赖组织。通常邪教都会有一个头目来做所有决定，没有他们的决定，什么都做不了。以“天堂之门”自杀邪教组织为例，在这个组织中，信众们甚至都不允许购买个人物品（比如体香剂）。所有的需求都要经过特别需求部门筛选，由这个部门来决定这些物品是否必须。

（8）去除不确定因素。对邪教而言，一切事物非黑即白，人们要么得救要么命中注定，要么善良要么邪恶。邪教具有绝对性：你要么完全忠诚，要么就脱离；想要被救赎或者是达到目的，那就盲从别问，别无他法。人们想要答案，无论有时候看似多么疯狂，只要他们按照“正确的”方法表现出来都会被接受。

（9）贬低自尊。信众们接受训练被“洗脑”，将自己置于次要地位，认为自信是弱点。自尊越低，信众们就越投入。

（10）罪恶感。罪恶感是邪教进行精神控制中最有力的工具之一。罪恶感是强有力的情绪，邪教头目深知如何在信众中制造罪恶感，如何将其纳为己用。

（11）神赋超能的头目们。邪教头目们要求信众们毫不质疑地执行他们的命令，他们也不用对任何人负责，他们有权将信众们驱逐出组织。信众们出于害怕而追随他们。

（12）信息控制。具有危险性的邪教会告诉追随者，要立刻摈弃与组织教义不相符的信息。他们控制信众所看、所听、所读，不让信众独立思考从而脱离控制。通过限制信众接触书籍或者电脑来过滤信息，只提供通过教会审核的材料，剥夺信众作出明智决定的权利，让信众只能依赖于他们。

（13）隔墙有耳。邪教建立起一套强大的举报系统，鼓励成员们监视那些可能蔑视组织教义信仰的同伴，并且上报这些事件以便于他们能“帮助”那些同伴。

（14）人身攻击。当有人质疑组织或头目的行为时，邪教头目就会通过夸张地攻击他人、撒谎、操纵事实，击垮信众的自我形象，摧毁他们的自信。

（15）控制时间。邪教都希望人们越忙越好，这样他们就能证明教会的相关活动“丰富了”人们的生活。并让人们疲惫不堪，无法真正考虑所做之事。

95. 如何辨别宗教和邪教？

（1）理论体系不同。宗教以其博大精深的经典、教义构成完备的宗教理论体系，并成为人类文化的重要组成部分。邪教则没有正当和完整的思想理论体系，只有一些支离破碎的迷信邪说，盗用宗教概念和术语，危言耸听，愚弄世人。

（2）崇拜对象不同。宗教信奉的对象是特定的“神”，不是活生生的人，是现实不存在的精神偶像。邪教崇拜的对象则是教主本人，是活生生的人。教主自诩为救世主，是神的替身、代表，宣扬自己所谓的各种特异功能，迷惑信众。

（3）“末世”阐述不同。宗教认为“世界末日”在遥远的未来，引导信徒忘却现实苦恼而企盼未来幸福生活，缓和社会矛盾。邪教则篡改成“世界末日”即将来临，只有加入其教，才能得到拯救，以此对信徒进行精神控制。

（4）社会功能不同。宗教引导人、教化人抑恶扬善，以和为贵，安分守己，多做善事，热爱生活，珍惜生命。邪教则披着宗教的外衣，以健身祛病为名，骗取钱财，制造混乱，致使信徒六亲不认、心理变态、轻视生命、厌恶社会，甚至带有政治野心。

（5）活动方式不同。宗教活动是公开、合法的，是在法律所允许的范围之内的，有固定的场所，如寺庙、教堂等。邪教活动则是诡秘的、地下的、非法的，而且活动场所也不是固定的，常常侵占公共场所，影响人们正常生活、学习。

（6）法律地位不同。宗教组织是依法登记、年检的社会团体，公民信教或不信教的自由、信教群众正常的宗教活动和仪式，受到国家宪法和有关法律的保护。邪教组织则属于非法社会团体，其一切组织、人员、活动、财产等都不受国家法律保护。

96. 什么是恐怖主义？

《中华人民共和国反恐怖主义法》第三条规定，恐怖主义，是指通过暴力、破坏、恐吓等手段，制造社会恐慌、危害公共安全、侵犯人身财产，或者胁迫国家机关、国际组织，以实现其政治、意识形态等目的的主张和行为。

《中华人民共和国反恐怖主义法》所称恐怖活动，是指恐怖主义性质的下列行为：

（1）组织、策划、准备实施、实施造成或者意图造成人员伤亡、重大财产损失、公共设施损坏、社会秩序混乱等严重社会危害的活动的。

（2）宣扬恐怖主义，煽动实施恐怖活动，或者非法持有宣扬恐怖主义的物品，强制他人在公共场所穿戴宣扬恐怖主义的服饰、标志的。

（3）组织、领导、参加恐怖活动组织的。

（4）为恐怖活动组织、恐怖活动人员、实施恐怖活动或者恐怖活动培训提供信息、资金、物资、劳务、技术、场所等支持、协助、便利的。

（5）其他恐怖活动。

《中华人民共和国反恐怖主义法》所称恐怖活动组织，是指三人以上为实施恐怖活动而组成的犯罪组织；所称恐怖活动人员，是指实施恐怖活动的人和恐怖活动组织的成员；所称恐怖事件，是指正在发生或者已经发生的造成或者可能造成重大社会危害的恐怖活动。

97. 恐怖袭击有什么特点？

（1）多针对无辜群众不加选择地实施袭击，妄图造成最大伤害。

（2）恐怖分子多会在袭击现场展示、散发、呼喊象征恐怖组织或恐怖主义思想的标识或口号。

（3）袭击方式多选择暴力手段，烈度大、破坏性强，极易对人的心理造成恐慌。

（4）常为多人共同作案。

98. 需要配合反恐安全检查的主要场所有哪些？

（1）交通枢纽，如机场、火车站、地铁站、汽车站、码头等。

（2）人员密集场所，如城市广场、影剧院、景点等。

（3）大型活动举办场所，如重要会议、体育赛事、展览、演出活动场所等。

（4）其他需要进行安检的场所。

99. 如果遇到反恐安全检查该如何配合？

（1）及时了解禁止携带的违禁品和管制物品种类。

（2）充分预留安检时间，避免造成时间上的延误。

（3）积极配合，听从安检人员指挥，提高安检速度。

（4）遇有需要查验身份证件时，提前准备好相关证件，确保快速通过。

目前，常见的安检形式包括徒手检查和仪器检查。需要说明的是，仪器检查对人体、电子设备、食品等均无损害。

100. 一般需要出示身份证实名登记的场合有哪些？

（1）入住宾馆、酒店等。

（2）邮寄物品。

（3）运输货物。

（4）购票乘坐长途汽车、飞机、高铁等公共交通工具。

（5）使用互联网、金融、电信、机动车租赁等服务。

（6）购买特定商品。

（7）其他。

出示身份证实名登记时要注意：一是如实登记自己的实名身份信息；二是妥善保管身份证件，不转借他人使用；三是遗失证件要及时按规定报告。

101. 如何识别防范暴力恐怖音视频?

暴力恐怖音视频是指含有宣扬暴力恐怖、宗教极端、民族分裂等内容的音视频，具体包括：

（1）含有煽动“圣战”“伊吉拉特”等宗教极端思想，主张以暴力手段危害他人生命和公、私财产安全，破坏法律实施等内容的音视频。

（2）含有传授制造、使用炸药、爆炸装置、枪支、管制器具、危险物品实施暴力恐怖犯罪方法、技能等内容的音视频。

（3）含有破坏民族团结、煽动分裂国家、破坏国家统一等内容的音视频。

（4）其他涉及暴力恐怖、宗教极端、民族分裂内容的音视频。

102. 如何抵制和防范恐怖主义思想网络渗透?

（1）及时停止观看。

（2）不在手机或电脑上下载、保存相关宣传品、音视频。

（3）不散布、不转发、不传看相关宣传品、音视频。

（4）对在网络公共空间传播的含有恐怖主义言论、图片、音视频等，不评论、不讨论。

（5）通过视频网站设立的“暴恐音视频举报专区”链接，或各类手机应用的违法举报入口进行举报。

103. 如何识别暴恐可疑人员?

（1）冒用他人身份证件或使用伪造的身份证件。

（2）言行异常，安全检查过程中不愿接受检查或者试图逃避检查。

（3）衣着反常，穿着很宽大的衣物或者腰部突出等。

（4）携带疑似管制刀具、易燃易爆等违禁物品。

（5）服饰、皮肤或所携带物品上有疑似与恐怖主义相关的标识图案。

104. 如何识别暴恐可疑物品?

（1）重要目标附近出现的无人认领或来历不明的物品。

（2）有意伪装或者藏匿的物品。

（3）可疑人员携带的与其身份不符的物品，如可能装有管制刀具、棍棒等物品的旅行包。

（4）随身携带藏匿、企图躲避安检的物品。

（5）散发如臭鸡蛋（黑火药）、氨水（硝铵炸药）等特殊气味的物品。

105. 如何识别暴恐可疑车辆？

（1）状态异常。车辆结合部位及边角外部的车漆颜色与车辆颜色是否一致、确定车辆是否改色；车的门锁、后备箱锁、车窗玻璃是否有撬压破损痕迹；车灯是否破损或有异物填塞，车体表面是否附有异常导线或细绳。

（2）车辆停留异常。违反规定停留在水、电、油、气等重要设施附近或人员密集场所。

（3）车内人员异常。如在检查过程中，神色惊慌、催促检查或态度蛮横、不愿接受检查；发现警察后启动车辆躲避的。

106. 如何识别暴恐可疑爆炸物？

在不触动可疑物的前提下：

（1）看。由表及里、由近及远、由上到下无一遗漏地观察，识别、判断可疑物品或可疑部位有无暗藏的爆炸装置。

（2）听。在寂静的环境中用耳倾听是否有异常声响。

（3）嗅。如黑火药含有硫黄，会散发出臭鸡蛋（硫化氢）味；自制硝铵炸药的硝酸铵会分解出明显的氨水味等。

107. 如果在娱乐场所遇到爆炸该如何紧急应对？

（1）迅速就近隐蔽或者卧倒，就近寻找简易遮挡物护住身体重要部位和器官。

（2）寻找、观察安全出口。

（3）不要用打火机点火照明，以免形成再次爆炸或燃烧。

（4）服从工作人员和专门人员的指挥。

（5）迅速有序撤离现场，避免出现踩踏等事件。

（6）不要因顾及贵重物品而浪费宝贵的逃生时间。

（7）迅速报警，客观详细地向警方描述事件发生、发展的经过。

（8）注意观察现场可疑人、可疑物，协助警方调查。

108. 发现暴恐可疑情况怎么办？

公民发现并积极举报可疑线索的，经过核实后，公安机关将按有关规定予以奖励。同时，严格保护举报人的个人身份等信息，充分保障举报人的安全。明知他人有恐怖活动犯罪行为，却窝藏、包庇的，将受到拘留、罚款等行政处罚，直至追究刑事责任。

发现暴恐可疑情况时，一是迅速远离。尽可能地远离可疑人员、可疑物品以确保自身安全；牢记可疑特征，如嫌疑人外貌、携带物品等，在保证安全的情况下，可用手机进行拍照记录。二是及时报警。向周围的执勤民警或到当地公安机关报警，或通过 110 报警电话、12110 短信报警平台、公安机关微信公众平台以及信件、电子邮件等方式报警。报警时要保持沉着冷静，全面报告可疑情况的具体细节。

报警的注意事项包括：

（1）保持镇静，不能因为恐慌影响了正常的判断。

（2）判明自己目前是否面临危险，如有危险，做好个人防护迅速离开危险区域或就地隐蔽。

（3）首先报告最重要的内容，包括地点、时间、发生什么事件、后果等。如枪击事件位置、嫌疑人数、体貌特征、衣着打扮、伤亡人数等；纵火事件说清发生火灾地点，如哪个地区、哪条街道、哪个住宅区、第几栋楼，共几层楼，附近有无危险物等。

109. 万一被恐怖分子劫持怎么办？

（1）保持冷静，不要反抗，相信政府。

（2）不对视，不对话，趴在地上，动作要缓慢。

（3）尽可能保留和隐藏自己的通信工具，及时把手机改为静音，适时用短信等方式向警方（110）求救，短信主要内容：自己所在位置、人质人数、恐怖分子人数等。

（4）注意观察恐怖分子人数、头领，便于事后提供证言。

（5）在警方发起突击的瞬间，尽可能趴在地上，在警方的掩护下脱离现场。

110. 万一遇到恐怖袭击该如何避险？

（1）立即离开事发区域，不要围观、停留，不要贪恋财物，如无法逃避时，应利用地形、遮蔽物遮掩、躲藏。

（2）保持镇静，不要惊恐喊叫，避免增加周围人的恐惧情绪，引起更大的混乱和伤亡。

（3）在确保个人安全的情况下，及时报警、呼救和救助他人。

（4）逃离现场时应避免拥挤，以免因拥挤、踩踏而受伤。

（5）如遇不明气体或液体，应迅速躲避，且用毛巾、衣物等捂住口鼻，做好防护措施。

第八章 婚姻家庭　邻里关系

111. 符合什么法定条件才能结婚?

（1）结婚必须男女双方完全自愿，不许一方对他方加以强迫或任何第三者加以干涉。包括：男女双方要有表示结婚意愿的行为能力；男女双方同意结婚的意思表示必须真实；男女双方同意结婚的意思表示的作出必须符合法定形式。

（2）结婚年龄男不得早于22周岁，女不得早于20周岁。

（3）符合一夫一妻制的基本原则。

112. 法律规定哪些情况禁止结婚?

（1）禁止重婚。禁止有配偶者与他人同居。“重婚的”婚姻关系无效。

（2）直系血亲和三代以内的旁系血亲禁止结婚。

（3）患有医学上认为不应当结婚的疾病者禁止结婚。在司法实践中，主要有以下几类：①患性病未治愈的；②重症精神病（包括精神分裂症、躁狂抑郁症和其他精神病发病期间）；③先天痴呆症（包括重症智力低下者）；④非常严重的遗传性疾病。

113. 结婚登记要准备什么材料?

（1）本人的户口簿、身份证。

（2）婚姻情况证明（通常由当事人单位或居民委员会出具），以及本人与对方并不互为直系血亲关系且三代以内无间接亲缘关系的相关文字声明。如果当事人曾有过婚史，则需携带离婚证书或者法院的判决书及判决生效证明。

（3）三张两寸免冠的半身彩色合照，要求是短期内拍摄的，也可以在登记现场进行拍摄。

注意：关于结婚证上的照片尺寸，民政部门出台过明确的规定，底色必须为蓝色或者红色，长宽尺寸必须为6cm×4cm，不符合规定的照片是不能够使用的。一般来说，选择在现场进行拍摄的夫妻比较多，既方便也可以避免做无用功，绝大多数民政局都有此项服务。

114. 夫妻应如何和谐相处?

（1）找准自己的角色。原则上，夫妻双方应平等独立、相互尊重。但由于夫妻双方在职业、专长、兴趣、个性、体能、时间等方面的差异，多数情况下，农家的夫妻双方在家庭中的角色分工仍有所侧重。“男主外、女主内”仍是一种家庭模式。丈夫的角色要力求做好家里经济的顶梁柱和主心骨、对外交往协调的主力军、妻子孩子可以随时依靠的大山和出气筒、家里重活累活难活的壮劳力。妻子的主要角色是管好家、管好孩子和老人家，做好家族的总经济师、丈夫的贤内助、维系家族关系的润滑剂。但不论夫妻双方在功能角色如何不同，夫妻双方的家庭当中的地位平等。

（2）遇事商量与尊重对方。面对买卖房屋、自建房、子女升学等家务大事，非迫不及待，夫妻双方都应协商一致。急事必须先作出决定，之后也要及时沟通，求得对方理解支持。不打听另一半婚前的恋爱史。

（3）感情专一、理解关心体贴对方。要从身体、生活、工作、学习等多方面关心对方，尤其是女人生病、生理期、生小孩、对方长辈患病等关键时候。处理好家务活，有时间要多照顾家人。作为丈夫要关心你的妻子，作为妻子也要关心你的丈夫，“她（他）需要什么、做什么、累不累、辛不辛苦、喜欢什么、最希望什么”等等。夫妻双方多想想对方为自己、为父母、为孩子、为家庭所付出的辛勤劳动，带着一份爱的谢意，为对方付出。

（4）多看优点、少看缺点、杜绝吵闹。谈恋爱时要多看人的缺点，防止遇人不淑。但结婚以后，要多看对方的优点，这样才能越过越有信心。遇事多沟通体谅，不要吵闹。一旦不慎发生争议吵闹，一定要尽快解决。事后夫妻都要检讨自己、求得对方原谅。

（5）处事公平。夫妻在对待亲朋好友上，特别是对待双方父母不能分亲疏。要知道，夫妻都是由父母辛苦养育成人的，双方的父母都是自己的父母，儿子要尽儿子和女婿的责任，儿媳要尽儿媳和女儿的义务。

（6）融合性格。每个人都有自己的性格，有的夫妻性格差异很大。两个脾气火爆的人很容易发生内部战争，两个脾气温和的人很容易冷战。常说“本性难移”，这是很难克服的困难。其实，总会有一个人打破僵局的，给对方一个台阶下，这时就不要得寸进尺。日子还要过，生活还要继续，时间不知不觉会磨平所有的个性的。一起过日子，要和谐，不要耍个性。

（7）照顾并教育好孩子。孩子是家庭的黏合剂，是夫妻关系长期得以维系的关键所在。

115. 夫妻吵架了怎么办?

（1）尊重差异。古语虽然有云“夫妻一体”，但这不能否认男女间原本存在的各种差异。如思维方式上的不同：男人重理性，女人重感性；男人重前景，女人重回忆；男人重发展，女人重保障；男人重大局，女人重细节；男人重结果，女人重过程等等，这些差异需要双方彼此体谅，换位思考，才能减少冲突。

（2）少讲道理多讲爱。常言道：“清官难断家务事”“公说公有理、婆说婆有理”。家是爱的共同体，不是说理的地方。如果有些家务琐事非要“说个清楚”，难免就会吵架。夫妻不是双赢就是双输，不要争个高低，那是很不明智的。

（3）要沟通金钱价值观。如果你发现自己总是在紧要关头因为钱的问题和伴侣吵架，那么两人可能对想要什么样的生活存在不同观点。人们因为钱吵架，多数情况下不是因为缺钱，而是因为夫妻在对待财务、财富的价值观方面存在差异。

（4）避免冷战。如果你在争吵后需要一些空间，你要告诉对方自己需要一些空间来冷静一下。如果你想甩掉对方或者忽视对方的存在，对方会觉得你在惩罚他，这会导致以后他再也不敢跟你说他的感受。

（5）少收彩礼。农村青年结婚前，男方的彩礼过重，往往会成为夫妻婚后吵架的重要原因。因此，为防止这一问题出现，最好是结婚前不要收过重的彩礼。

（6）对方说狠话时不要当真，不能恶语相向，更不能家庭暴力。吵架的时候对方说了狠话千万不要当真，因为人生气的时候说出来的话都是不可信的，那是在气头上说出的话而不是对方的心里话。夫妻可以先冷静下来认真地听对方把话说完，无论他是否怨你，这时你也要承认他说的是对的，先认同他一部分，表示对他的尊重，才能让他也同样尊重你，静下心来听听你的想法。

（7）无论吵得多凶都不要提离婚。无论夫妻吵架吵得多么凶，一定要时时刻刻记着：对方是自己最爱的人。千万不能说出“离婚”二字。如果说出了离婚，那就是在折磨对方，也是在跟自己过不去。因为有很多夫妻是气不过才提出要离婚的，但冷静下来以后就感到后悔了。

（8）心情不好也要对爱人微笑。心情不管有多么不好，见到自己的爱人时一定要面带微笑。不然他感觉到你心情不好时，一定会怀疑是不是自己哪点做错了，然后他的心情也会变差。两个心情不好的人待在一起会很容易发生一些小矛盾，于是两个人又开始吵架了。

（9）吵架后要向对方好好道歉。和对方吵架后，无论自己刚才有多么凶，也要好好向对方道歉。如果对方不答应就一直道歉直到对方原谅你为止。

（10）对方气走了要谅解。夫妻吵架的时候，其中一方被气走是常有的事情。很多时候你会以为对方走开是不理自己，其实这个想法是不对的。走的一方可能是出于气愤，也有的是暂时回避，不让对方继续生气。如果当时解释什么都没有用，一方回避也是缓解矛盾的很好的方法。实际上，走出去的一方冷静后会反思和担心、惦记对方的。如果走的那方回来跟你说好话了，你还是怒气冲冲的，那就是你的不对了。

116. 发现夫妻一方出轨了怎么办？

（1）莫轻易捅破那层窗户纸。想要留住婚姻，就不要轻易挑明，留住那层窗户纸，给对方一些暗示让对方知道你有所察觉就可以了。挑明会让大家都难堪，失去回头信心，为以后夫妻相处留下隐患。

（2）适当给对方施加必要的压力。可以适度表达情绪，让对方知道出轨伤害了你。不要过分，过分痛苦你就成了“怨妇”，家就成了“地狱”，爱人会心生害怕，觉得自己犯的错误永远无法被另一半原谅，从而失去对婚姻的信心。也不要装得像没事人一样，那样爱人会怀疑你对他（她）的爱，进而放纵自己。可以给对方施加一些压力，但不要恐吓，恐吓会使对方增加对你的厌恶。

（3）进行真诚、客观的沟通交流。沟通交流不是指责与抱怨，不是开道德“批斗会”，也不是逼爱人忏悔、安慰自己。沟通交流是为了真诚地听到爱人的心声，知道爱人所思所想，明确双方以后的努力方向。为避免因情绪影响而把沟通交流变成吵架，可以先采取短信、邮件、字条、QQ、微信等非面对面交流的方式，然后再过渡到面对面。要反思自身的缺点和失误。爱人出轨，我们很容易把自己当成无辜的受害者而忽视自己的责任，把所有的责任都归咎到第三者和出轨方身上。事实上，婚姻出了问题，谁也不能被免责，都要承担一定的责任。第三者就像一个病毒，只不过验证了我们的肌体已经缺乏抵抗力。不要去贬低第三者，贬低第三者就是贬低你的爱人，也是贬低自己。要思考第三者凭什么吸引了爱人，反思自己和第三者相比缺的是什么，以后自己应该怎么做。

（4）改变，从自身做起。改变自己比改变对方容易，自己做了改变以后才能掌握主动权。通过前面的反思，知道了第三者身上吸引爱人的是什么，和第三者相比自己身上缺的是什么，改变就是重新拥有这些，把爱人的心夺回来。

117. 万一出现婚外情纠纷怎么办?

(1) 先让自己冷静下来。我们都知道身体的痛苦可以睡一觉就得到缓解，而心灵的痛苦却让人苦不堪言。爱人有婚外情，这对你来说一定是内伤不浅，你也许会感觉到肝肠寸断，也许会觉得怒不可言，你可能会借酒浇愁。但是不管怎么样，你都要想办法先让自己冷静下来，愤怒和冲动从来都是有勇无谋的表现。这是自己的家事，你们是夫妻，“一荣俱荣，一损俱损”的道理你应该自己先想明白。只有冷静下来了，才能好好地去想清楚下一步该怎么做。

(2) 想想如何分离第三者。爱人之所以出轨，说白了就是因为第三者的存在，那么你应该好好想一想有什么办法来分离第三者。如果有可能，应该和第三者见上一面，好好谈谈你们三个人之间的事情。不管如何，你要弄明白，究竟是什么原因让爱人着了魔，如果能够说服第三者退出，那本身对爱人就是一种挽回。如果软的方法行不通，那么就先礼后兵，想办法分离第三者，这样才能让他们之间断联。无论如何都不能一开始就认输，因为人生最重要的一课就是要学会保护自己，尤其是在敌人来临的时候，一味地退缩和忍让都会更加让人看不起。

(3) 学会反省和改变自己。婚姻之中之所以一方出轨，往往是因为感受不到夫妻之间的温馨，也许之前是你忽略了这些，也许是因为你们之间有太多的琐碎而冲淡了往日的情感。不要因为对方背叛了你就开始冷战，或者哭闹，甚至到处哭诉，而是应该学会反省和改变自己。生活的美好是需要自己努力去创造的，应该尝试着去修补你们之间的感情。如果以往不注意说话方式，那么从现在开始就试着调整和改变；如果以往总是封闭自己，那么从现在开始尝试走出去，体验生活，接触更多的人，进而改善自己的人生观；如果以往不注意生活细节，那么从现在开始就从细微之处来提升自己。只要你作出改变，相信对方一定会看到你的新面貌。

（4）学着关心对方的生活。夫妻之间，不要弄得每天跟打仗似的。要学会适当关心对方的生活。人往往年龄越大，越不想折腾，尤其是婚姻，涉及自己的名声、两个家庭、社会影响力以及世俗的看法，如果婚姻还凑合，一般没有几个人愿意主动离婚。所以，你要让对方感觉到这个家是有爱的、有希望的。只要你有所坚持，对方一定会觉得愧疚，时日久了，婚外情自然会慢慢褪去。毕竟每个人的心最终是想要有个安稳的归宿，那种大喜大悲的婚外情本来就是人生的游戏，又有几个人会认真对待输赢呢？

118. 媳妇处理婆媳矛盾有什么技巧？

（1）要把婆婆当做自己的妈看待，把孝心摆在第一位。不要把婆婆当做保姆看待，因为婆婆是把你丈夫养大的人，和自己的妈一样，她们是最疼爱你和你丈夫的两个女人。

（2）分开住，前提是老人身体健康。各自有各自的生活空间，可以避免很多生活习惯差异上的矛盾，而且还能有效避免对孩子教育方式的不同而产生的矛盾。

（3）多沟通多交流。婆媳之间直接对话少，而中间传话人容易误解，甚至挑拨离间。很多婆媳关系不融洽，都是误解太深造成的。两个人互相试探，见面不说话。有的完全依靠中间人传话，而一句无心的话真的可以理解出几个意思。

（4）培养和调动老年人的兴趣爱好。很多矛盾是由于瞎操心，老年人如果没有一个自己的兴趣爱好就会把重心放在儿子和孙子身上，每天担心这样操心那样，没准哪天她就琢磨出一个让你大吃一惊的决定。老年人如果有了自己充实的生活就不会每天胡思乱想了。

（5）不管婆婆多么无理，也不要跟婆婆吵架。婆婆即使再有错，媳妇也不应该与之争吵。一旦跟她开仗，就是媳妇不对了。

（6）不要试图和婆婆争儿子。有的婆婆对于儿子的占有欲强，媳妇不能表现出来和她争儿子。

（7）不要和婆婆斤斤计较。婆婆那个年代的人，一般都读书少，对于一些小事情喜欢斤斤计较，于是很容易因为生活中的一些小事情争吵，如果你也跟着吵，婆婆就会记住你的不好，这会成为以后的把柄，留待日后再来火上浇油。

（8）对婆婆的期望不要过高。对婆婆的期望越大，失望越大。指望婆婆打电话对自己嘘寒问暖或是为孩子准备东西，这是不切实际的。因为婆婆跟媳妇相处的时间不长，并没有多少感情，小孩还没有见面就更谈不上感情了。

(9) 在婆婆面前多称赞自己丈夫，不要指使他。婆婆一般都有“养儿防老”的传统观念，儿子就是他们的宝。媳妇当着婆婆的面教训自己的丈夫，让自己的丈夫做这做那，婆婆心里会不舒服。所以，聪明的媳妇要尽量在婆婆面前称赞自己丈夫，这样婆婆高兴，自己也就容易和婆婆相处了。

(10) 把自己当做“婆家人”，你才会真正融入“婆家”，你也就会把婆婆当做自己的妈。女人在结婚后前些年，往往还把自己的角色放在做女儿上，即便嫁到了婆家，不少新婚妻子都感觉自己还没有融入婆家。其实，这是作为妻子的你还没有转换角色。因此，自你嫁入婆家起，你就应该时刻提醒自己就是婆家人。比如，在家务、家事上，你不妨以女主人的角度去思考，只有你自己把自己真正地当成婆家人时，你才会真正地融入新的大家庭里，而你的婆婆自然也会很欣慰地看到你的变化，从而“和平共处”。

(11) 处理好姑嫂关系。姑嫂关系会牵连到婆媳关系，尤其是夫妻结婚不久，婆婆的天平可能会偏向小姑子那一边，而小姑子在你婆婆面前说你的好话的效力，远远胜过你丈夫甚至娘家人在你婆婆面前夸奖你。因此，在某些利益面前，当你的婆婆明显地偏心于小姑子时，你还是“忍气吞声”吧。还有特别重要的一点是，千万别在小姑子面前表现出对婆婆的不满或者说婆婆的不是，小心那样会引燃真正的婆媳大战！

119. 儿子处理婆媳矛盾有什么诀窍？

（1）要把“做好人”的机会让给自己妻子，把“做恶人”的机会留给自己。

（2）当双方出现矛盾时，重要的是把双方分开而不是分清楚谁是谁非。

（3）让双方多看对方的优点。

（4）送礼物哄双方高兴，让其发挥调节剂作用。礼物除了是朋友生日、情侣浪漫、夫妻感情稳固的保鲜剂之外，还是处理婆媳矛盾的调节剂。在婆媳矛盾产生后，男人除了使用讨好的言语让双方开心以外，更重要的就是要采取具体行动，比如送双方礼物。在送礼物的过程中，自己要多花心思去挑选自己妻子和妈妈喜欢的礼物，然后分别送给她们。

（5）学会转移双方的注意力。

（6）要学会“两头瞒”。学会忍着不多嘴，婆婆说媳妇的不是时，要劝解。有道理也要劝解，但决不能将自己妈的话传给妻子。可以找个机会，以自己的口吻来劝劝妻子，如果是琐事，不提也罢。同样也不能将妻子说婆婆的不是传给自己妈听。

（7）不要当着自己父母面对妻子呼来喝去或命令她为你做任何事。有些男人没跟自己妈住的时候，什么家务活都干，而一旦有父母在跟前，便开始威风起来了，不但不再干家务，而且还对妻子呼来喝去，支配妻子做这个做那个，好像不这样就不足以在他父母面前显示他是个“老爷们”。男人在自己父母面前呼喝妻子，表现得盛气凌人，好像很有面子，但这种行为不单让自己妻子感到疲惫，还像是在暗示父母，或许你父母会理解为：你对自己妻子根本就不屑一顾，她在你心目中根本没有什么分量，所以你才这么不尊重她。你想想，连你都这么不尊重自己妻子，你还指望你父母会尊重这个媳妇吗？

（8）别当着自己父母或家人跟妻子吵架。天下没有不吵架的夫妻，吵架也是很多夫妻交流沟通的一种方式，但吵架也是最伤害夫妻感情的，尤其是当着父母面吵架，不但伤害夫妻感情，同时也会伤害自己父母跟另一方的感情。许多父母都希望看到自己儿子媳妇能够和和美美过日子，如果听到儿子媳妇吵架，他们会很伤心难过，或许会认为他们的存在影响了你们夫妻的感情，认为自己对你们而言是个累赘，更有甚者会认为是媳妇不想赡养自己而故意跟你吵架撒气，并会因此跟媳妇产生隔阂。

120. 婆婆如何处理婆媳矛盾？

（1）身为长辈要以身作则，不能过于唠叨。不大声说话是基本礼貌，媳妇不是仇人，何必把两人的关系闹僵。不能嘴碎，总是在背地里说媳妇的不好，其实换位思考一下，就不会这样做。要想和媳妇好好相处，就要懂得收敛，不要一味地给媳妇挑刺，也要记得媳妇的好。

（2）老人家不要管得太宽。与长辈住在一起，最忌讳的就是被管制的太多，让人不舒服。成年人都明白怎样做才是对自己最好的，身为婆婆，没必要去管太多不该管的事情，否则好心管了还搞砸了，更加令媳妇不乐意；只要管好自己就行了，媳妇需要帮忙的时候再过去帮忙，不要自作主张。

（3）不偏袒自己的儿子。夫妻生活，总是免不了吵架，这个时候身为婆婆该做的是了解事情的经过，努力劝和。而不是一味地护着自己的儿子，即便是儿子犯错，也无条件偏袒，这样只会越发让媳妇不满，加剧婆媳之间的矛盾。

121. 如何协调处理兄弟姐妹间的矛盾？

（1）亲兄弟，明算账。这句话说得特别对，亲兄弟也要明算账。长大后，兄弟姐妹之间容易为了利益而出现嫌隙。借钱要还，不要以为是亲人就一直拖着不还。别人不好意思要，另一方应该自觉地还。

（2）有困难兄弟姐妹要互相帮助，而不是不闻不问。兄弟姐妹是有血缘关系的亲人，亲人有困难是一定要帮助其渡过难关的。

（3）兄弟姐妹彼此在相处中都应该多要求自己，少要求别人；多要求自己，少苛责别人。不计较一时的利益得失，学会多站在对方角度换位思考，这样才能促进彼此关系的提升，否则就很容易相互闹掰闹僵。

（4）兄弟之间和睦相处，关键在长兄、长姐。长兄、长姐要负起部分家庭教育的责任，对弟弟妹妹要知冷知热，关心他们的成长。如何处理家庭成员矛盾？家务事要多做一些，凡事以身作则。孝敬父母，要尽心尽力，给弟弟妹妹做出榜样。物质享受尽量让着弟弟妹妹，对他们的某些过分要求，尽量做耐心的说服工作，以宽宏大量的胸怀容忍弟弟妹妹。

（5）经常和兄弟姐妹团聚，多沟通。兄弟姐妹都有各自的生活，为生活奔波，如果一年到头都不联系、不见面，这份感情早晚会淡。兄弟姐妹之间应该时常联络，保持通话，偶尔聚餐，这样即使一年之中偶尔的相聚也会拉拢兄弟姐妹之间的感情，保持应有的交往。

（6）不参与对方家里的家长里短。即使是兄弟姐妹，也不应谈论各自小家庭的琐事，更不掺合各个家庭的夫妻矛盾。可以真心实意地去帮助他们做好自己能做到的事，解决他们的燃眉之急。

122. 如果因为彩礼问题出现纠纷怎么办？

《最高人民法院关于适用〈中华人民共和国婚姻法〉若干问题的解释（二）》第十条规定，当事人请求返还按照习俗给付的彩礼的，如果查明属于以下情形，人民法院应当予以支持：

（1）双方未办理结婚登记手续的。

（2）双方办理结婚登记手续但确未共同生活的。

（3）婚前给付并导致给付人生活困难的。

适用前款第（2）、（3）项的规定，应当以双方离婚为条件。

123. 农村订婚后又悔婚，彩礼怎么处理？

给彩礼的习俗在中国是历史悠久的，古时候收取彩礼被称为“纳征”，就是代表成功的意思。赠送彩礼后，婚约就正式缔结，一般不得悔婚。如果女方要悔婚，那么彩礼就需如数退还给男方，相对地，如果男方悔婚的话则彩礼一般不会退还。

124. 谈恋爱送的礼物算彩礼吗？

在谈恋爱的时候，男人会送给女人一些礼物，有钱的甚至会送车子、房子等。而在中国法律中是没有明确规定彩礼的定义的，所以这种在恋爱时期赠送的礼物是否属于彩礼具有很大的争议。而且男女在谈恋爱的过程中所赠送的礼物一般只是用来维系感情的一种形式，不能说其是用来缔结婚姻的道具，所以是不能要求返还的。

125. 订婚时亲朋好友的礼金是否算彩礼？

有些地方的习俗是在订婚仪式上，男方的父母和亲人都会给女方见面礼，那么这种礼金也是不能作为彩礼来计算的。但是有一种是亲戚朋友按照份子钱直接赠送给女方，这类是属于亲朋好友为了能让男女双方最终能够缔结婚姻所进行的一种赠送行为，符合彩礼的性质，所以是需要归还的。

126. 同居后分手是否要返还彩礼？

如果同居的时间比较短暂，而且又还没有办理结婚证的话，男方是可以要求返还彩礼的。如果是双方虽然还没有办理结婚证，但是已同居了很久一段时间的话，考虑到女方遭受的一系列损失，就不能片面地要求女方归还彩礼。

127. 怎样才算孝顺?

中国人自古认为“百善孝为先”，但什么算是孝呢?儒学家曾子在《大戴礼记·曾子大孝》篇里说：“孝有三，大孝尊亲，其次弗辱，其下能养。”这句话的意思是说，孝顺其实是分层次的。最大的孝顺，是让父母被人尊重；第二等的，是能不辱没自己的父母；最基本的，就是能赡养自己的父母。如果只是给予父母物质上的赡养还沾沾自喜的话，那就离真正的孝顺有很远的距离了。如何让自己的父母获得尊重呢?曾子又说：“君子之所谓孝者，国人皆称愿焉，曰：‘幸哉!有子如此!’所谓孝也。……父母既殁，慎行其身，不遗父母恶名，可谓能终也。”这就是说，一个孝子，他对自己的要求远远不只侍奉父母那么简单，他也应该在社会中做一个优秀的人，让大家都称赞自己的德行。父母们最高兴的事，常常不是你能赚多少钱、事业上做得多么优秀，而是希望听到自己的邻里左右的人都称赞：“你的儿子真优秀，你养了这样一个孩子真是幸运!”这才不辜负父母含辛茹苦把孩子拉扯大。除此之外，一个人的生命有限，哪怕是父母去世之后，也不应该改变自己的操守。要坚持做一个优秀的人，不给父母留下恶名，这是一个孝子时时刻刻都不能忘记的事。

128. 子女在父母犯错时如何做才得体？

《礼记·内则》很好地回答了这个问题，它说：“父母有过，下气怡色，柔声以谏。谏若不入，起敬起孝，说则复谏；不说，与其得罪于乡党州闾，宁孰谏。父母怒、不说，而挞之流血，不敢疾怨，起敬起孝。”这段话的意思是，假如父母犯了错，我们应该想办法劝谏，不能放任不理。但是说话的时候，一定要注意方式方法，不能一针见血地说父母哪里不好，避免“据理力争”，甚至埋怨父母或进行人身攻击，那就是对他们不敬了。首先应该尊重父母，然后以提建议的方式说出父母的错误。比如父亲很喜欢喝酒，而且控制不住量，喝醉酒后会说些不好听的话，或是撒酒疯，给家人带来难堪，那你一定不能在大庭广众之下说：“你别喝酒了　酒后尽不干人事，丢死人了！”你可以趁着陪父亲散步，聊天时顺带说一句：“爸，您看您最近天天喝酒，喝多了以后，妈每次都担心您身体，您岁数也不小了，以后可得少喝一点啊，您看我妈多不容易。”把一个要劝谏的话题用拉家常的方式，在无意识、不影响父母面子的情况下说出来，可能会取得更好的效果。如果选择不说，那父母可能就会继续自己的错误，说不定将来就会在街坊邻居面前出丑丢人。与其这样的话，不如早点以这种方式提醒他们。如果父母接受不了你的劝谏，甚至发脾气，要动手打你，那也应该分情况。如果他们只是小打小闹的惩戒，那不妨接受，不要还手还口，不要埋怨自己的父母，这样事情也就过去了，等以后我们可以继续找机会向父母提建议。但如果父母发很大的火，随意拿起身边的什么东西就要向你身上扔过来，这时就赶快躲开吧，千万不要逞强挨打。人是感性动物，父母因为生气而失去理智，万一把你打伤了，他们事后一定会非常后悔。出于保护自己、也不让父母后悔的角度，及时 躲避的做法才是最正确的。

129. 如何赡养父母？

赡养是指子女对父母的供养，即在物质上、经济上为父母提供必要的生活条件，使父母过上正常的生活。子女对父母要在精神上和生活上给予关心、帮助和照料，尤其是对年老体弱、丧失劳动能力、生活有困难的父母，更应该自觉地履行赡养义务，使老年父母安度晚年。

赡养老人的方式，或共同生活直接履行赡养义务，或提供老人生活费用，由权利人和义务人根据各自的情况商定。子女不止一人时，应根据“条件好的多负担，条件差的少负担”的原则，共同履行这一义务。

根据相关法律规定，所谓“子女”，是指婚生子女、非婚生子女、养子女和依法负有赡养义务的继子女。其他依法负有赡养义务的人，是指老年人的孙子女、外孙子女。

130. 日常生活中子女赡养老人需要明确的情况有哪些？

《中华人民共和国老年人权益保障法》第十四条规定，赡养人是指老年人的子女以及其他依法负有赡养义务的人。子女，是指婚生子女、非婚生子女、养子女和依法负有赡养义务的继子女。

其他依法负有赡养义务的人，是指老年人的孙子女、外孙子女。《中华人民共和国婚姻法》第二十八条规定，有负担能力的孙子女、外孙子女，对于子女已经死亡或子女无力赡养的祖父母、外祖父母，有赡养的义务。

《中华人民共和国婚姻法》第二十一条规定，子女对父母有赡养扶助的义务。

实践中，以下与子女履行赡养义务有关的六个问题需要明确：

（1）父母无力抚养幼年时的子女的，子女独立后是否履行赡养义务？虽然《中华人民共和国婚姻法》为父母子女间规定了互相扶养的对等的权利义务，但这并不是说这两个权利是必须“等价交换”的，子女不能将父母是否对其履行了抚养教育义务作为自己履行赡养父母的义务的前提。因此，子女对老年父母的赡养义务不得以此为由而解除。

（2）因父母的错误行为给子女造成心灵、身体伤害的，子女是否有赡养老年父母的义务？父母在抚养子女过程中，他们的一些一般性错误行为曾给子女造成心灵伤害的，子女成年之后，应当自觉履行赡养老年父母的义务。但是，父母犯有严重伤害子女感情和身心健康的罪行的，原则上丧失了要求被害子女赡养的权利。这些情形包括：父母犯有杀害子女的罪行的，父亲奸污女儿的，父母犯有虐待、遗弃子女罪行的，等等。

（3）没有经济收入的已嫁女儿有无赡养义务？出嫁女儿本人没有收入的，不能作为拒绝履行赡养老年父母的义务的理由。因为她们从事的家务劳动与丈夫谋取生活资料的劳动具有同等价值，其丈夫劳动所得的收入属夫妻共同财产，夫妻双方对夫妻共同财产有平等的处分权，可从夫妻共同财产中支付赡养费。

（4）赡养父母是否能以“分家析产”为条件？子女赡养父母是法定义务，不受父母有无财产、是否分过家以及分家是否公平的影响。

（5）子女怎样分担赡养扶助义务？父母有多个子女的，应当共同承担赡养扶助父母的义务；每位子女承担义务的多少，应当根据各个子女的生活、经济条件进行协商。子女不能以父母对其年幼时的关心、疼爱程度或者结婚时资助的多少作为砝码来衡量赡养扶助义务的多少。至于赡养扶助父母的方式，可视具体情况而定，对于不在父母身边的子女，可定期支付一定数额的赡养费；与父母共同生活的子女，还应当经常关心、照料父母的生活；当父母由于生病，生活不能自理时，子女除应分担为其治病所需的医药费、手术费、住院费等外，还应承担照顾、护理父母的义务。

（6）儿子（女儿）去世后儿媳（女婿）是否有赡养公婆

（岳父母）的义务？儿媳（女婿）与公婆（岳父母）的关系是因婚姻而成立的姻亲关系。儿子（女儿）去世后，因儿子（女儿）与媳妇（女婿）的婚姻关系消灭而使得儿媳（女婿）与公婆（岳父母）的姻亲关系亦不复存在。儿媳（女婿）是否承担赡养公婆（岳父母）的义务，我国法律未作明确规定。因此，不能强令儿媳（女婿）承担此项义务。

131. 继子女的赡养义务有什么规定？

继父母和继子女的关系，是因子女的生父或生母再婚而形成的。

《中华人民共和国婚姻法》第二十七条第二款规定，继父或继母和受其抚养教育的继子女间的权利和义务，适用本法对父母子女关系的有关规定。根据该法关于父母子女关系的规定，继父母与受其抚养教育的继子女之间产生以下权利义务关系：

（1）继父母有扶养教育继子女的义务；

（2）继父母有管教保护未成年继子女的权利义务；

（3）继子女有赡养扶助继父母的义务；

（4）继父母继子女有相互继承遗产的权利。

在实践中，以下两个问题需要明确：

第一，生父母与继父母离婚后，受继父母抚养教育的继子女是否履行赡养义务？

《中华人民共和国婚姻法》规定，继父母与继子女间的权利义务关系，与父母子女间的权利义务关系相同。

当生父母与继父母离婚后，虽然继父母子女关系不再存在，但是，继子女受继父母抚养的事实不能消失，继父母与继子女之间已形成的权利义务关系不能自然终止。

因此，当生父母与继父母离婚后，受继父母抚养教育长大成人且有负担能力的继子女，对年老体弱、生活困难的继父母应尽赡养扶助的义务。

第二，继子女对未尽抚养义务的继父母是否有赡养义务？

继父母与继子女关系是由于生父或生母再行结婚，子女与继母或继父之间形成的关系。

根据法律规定，继父母和未受其抚养教育的继子女之间，形成的是姻亲关系，相互间并无权利义务关系。

因此，未受继父母抚养教育的继子女，没有赡养继父母的法定义务。但是，对于继子女主动承担赡养扶助义务的行为应当予以鼓励和支持。

132. 赡养费的标准如何确定？

《中华人民共和国婚姻法》第十一条规定，父母对子女有抚养教育的义务；子女对父母有赡养扶助的义务。子女不履行赡养义务时，无劳动能力的或生活困难的父母，有要求子女付给赡养费的权利。

人民法院认定赡养费的标准包括：当地的经济水平、被赡养人的实际需求、赡养人的经济能力。

赡养费的给付内容分六个方面：

①老年人的基本赡养费；②老年人的生病治疗费用；③生活不能自理的老年人的护理费用；④老年人的住房费用；⑤必要的精神消费支出；⑥必要的保险金费用。

133. 子女不履行赡养义务时，追索赡养费要提供哪些证据？

除提供一般证明、证据外，还须按照诉讼请求内容提供以下必要证据：

（1）存在抚养、赡养关系的证明（户口簿，单位、居民委员会、村民委员会证明或有关法律文书）。

（2）每月经济收入及证明。有工作的由单位或雇主证明，无工作的由居民委员会、村民委员会证明。

（3）要求变更费用数额的，应提供原处理的调解书、判决书或其他证明材料。

134. 夫妻之间有怎样的扶养义务？

《中华人民共和国婚姻法》第二十条规定，夫妻有互相扶养的义务。一方不履行扶养义务时，需要扶养的一方，有要求对方付给扶养费的权利。夫妻间的扶养义务是基于夫妻双方婚姻的效力而产生的。夫妻扶养义务即夫妻在经济上相互供养、生活上相互扶助的义务，为生活保障义务。夫妻都有扶养对方的义务，同时也都有要求对方扶养的权利。

夫妻之间的扶养义务是夫妻双方在婚姻关系存续期间，在生活上和物质上要相互扶助、给予供养。抚养义务的具体内容如下：

（1）当夫妻一方失去劳动能力时，另一方负有扶养和照顾对方生活的义务；

（2）当夫妻一方生病时，另一方必须给予照顾或者送院治疗，承担相应的医疗和护理费用；

（3）当配偶一方为无行为能力或者限制行为能力时，另一方有担任法定的监护人的权利和义务。

夫妻之间的扶养义务和接受扶养的权利是完全平等的，双方应自觉履行扶养义务。

如果夫妻双方因扶养发生纠纷时，可以向人民法院起诉要求对方承担扶养义务。拒不履行对无独立生活能力的配偶的扶养义务，情节恶劣的，构成遗弃罪，要承担相应的刑事责任。一方不履行扶养义务时，需要扶养的一方，有要求对方付给扶养费的权利。

135. 哪些主体对未成年人有抚养义务?

（1）父母对子女有抚养教育的义务。《中华人民共和国婚姻法》第二十一条规定，父母对子女有抚养教育的义务；子女对父母有赡养扶助的义务。父母不履行抚养义务时，未成年的或不能独立生活的子女，有要求父母付给抚养费的权利。

（2）继父母对继子女的抚养教育义务。《中华人民共和国婚姻法》第二十七条第二款规定，继父或继母和受其抚养教育的继子女间的权利和义务，适用本法对父母子女关系的有关规定。

（3）养父母对养子女的抚养教育义务。《中华人民共和国婚姻法》第二十六条规定，国家保护合法的收养关系。养父母和养子女间的权利和义务，适用本法对父母子女关系的有关规定。

（4）祖父母、外祖父母对孙子女的抚养义务。《中华人民共和国婚姻法》第二十八条规定，有负担能力的祖父母、外祖父母，对于父母已经死亡或父母无力抚养的未成年的孙子女、外孙子女，有抚养的义务。

（5）非婚生子女的抚养。《中华人民共和国婚姻法》第二十五条规定，非婚生子女享有与婚生子女同等的权利，任何人不得加以危害和歧视。不直接抚养非婚生子女的生父或生母，应当负担子女的生活费和教育费，直至子女能独立生活为止。

136. 为什么说父母对子女的抚养义务是无条件的?

父母对子女的抚养义务是无条件的，不得以任何借口免除。自子女出生至其能够独立生活为止，即使父母离婚，亦必须承担此种义务而不得解除。父母对子女的抚养义务，主要包括以下几方面内容：

（1）精心关怀、照顾子女，为其提供安全、健康、幸福的生活条件，确保子女的人身权利不受侵犯。

（2）为子女提供一切必要的生活费用，使其健康成长和发展得到经济保障。

（3）保障子女充分享受接受义务教育的权利，为培养其文化素质创造条件。

（4）以健康的思想和正确的方法教育子女，将家庭教育和生活抚养相统一。

第九章 人民调解与信访

137. 什么是人民调解？

人民调解的工作任务主要是调解民间纠纷，防止纠纷激化。人民调解的工作范围已从调解一般公民之间的纠纷拓展到调解公民与法人、与集体、与其他社会组织之间的矛盾纠纷，涉及人身、财产、经济、管理、道德等诸多领域。

138. 人民调解应当遵循的原则是什么？

《中华人民共和国人民调解法》第三条规定，人民调解委员会调解民间纠纷，应当遵循下列原则：

（1）在当事人自愿、平等的基础上进行调解。

（2）不违背法律、法规和国家政策。

（3）尊重当事人的权利，不得因调解而阻止当事人依法通过仲裁、行政、司法等途径维护自己的权利。

139. 人民调解的主要程序有哪些？

《中华人民共和国人民调解法》第十七条规定，当事人可以向人民调解委员会申请调解；人民调解委员会也可以主动调解；当事人一方明确拒绝调解的，不得调解。

第十八条规定，基层人民法院、公安机关对适宜通过人民调解方式解决的纠纷，可以在受理前告知当事人向人民调解委员会申请调解。

第十九条规定，人民调解委员会根据调解纠纷的需要，可以指定一名或者数名人民调解员进行调解，也可以由当事人选择一名或者数名人民调解员进行调解。

第二十条规定，人民调解员根据调解纠纷的需要，在征得当事人的同意后，可以邀请当事人的亲属、邻里、同事等参与调解，也可以邀请具有专门知识、特定经验的人员或者有关社会组织的人员参与调解。人民调解委员会支持当地公道正派、热心调解、群众认可的社会人士参与调解。

第二十一条规定，人民调解员调解民间纠纷，应当坚持原则，明法析理，主持公道。调解民间纠纷，应当及时、就地进行，防止矛盾激化。

第二十二条规定，人民调解员根据纠纷的不同情况，可以采取多种方式调解民间纠纷，充分听取当事人的陈述，讲解有关法律、法规和国家政策，耐心疏导，在当事人平等协商、互谅互让的基础上提出纠纷解决方案，帮助当事人自愿达成调解协议。

140. 当事人在人民调解活动中的权利有哪些?

（1）选择或者接受人民调解员。

（2）接受调解、拒绝调解或者要求终止调解。

（3）要求调解公开进行或者不公开进行。

（4）自主表达意愿、自愿达成调解协议。

141. 当事人在人民调解活动中的义务是什么?

（1）如实陈述纠纷事实。

（2）遵守调解现场秩序，尊重人民调解员。

（3）尊重对方当事人行使权利。

142. 调解具有怎样的法律效力?

《中华人民共和国人民调解法》第二十六条规定，人民调解员调解纠纷，调解不成的，应当终止调解，并依据有关法律、法规的规定，告知当事人可以依法通过仲裁、行政、司法等途径维护自己的权利。

第二十八条规定，经人民调解委员会调解达成调解协议的，可以制作调解协议书。当事人认为无需制作调解协议书的，可以采取口头协议方式，人民调解员应当记录协议内容。

第二十九条规定，调解协议书可以载明下列事项：

（1）当事人的基本情况；

（2）纠纷的主要事实、争议事项以及各方当事人的责任；

（3）当事人达成调解协议的内容，履行的方式、期限。

调解协议书自各方当事人签名、盖章或者按指印，人民调解员签名并加盖人民调解委员会印章之日起生效。调解协议书由当事人各执一份，人民调解委员会留存一份。

第三十一条规定，经人民调解委员会调解达成的调解协议，具有法律约束力，当事人应当按照约定履行。人民调解委员会应当对调解协议的履行情况进行监督，督促当事人履行约定的义务。

143. 当事人之间就调解协议的履行或者调解协议的内容发生争议怎么办?

《中华人民共和国人民调解法》第三十二条规定，经人民调解委员会调解达成调解协议后，当事人之间就调解协议的履行或者调解协议的内容发生争议的，一方当事人可以向人民法院提起诉讼。

第三十三条规定，经人民调解委员会调解达成调解协议后，双方当事人认为有必要的，可以自调解协议生效之日起30日内共同向人民法院申请司法确认，人民法院应当及时对调解协议进行审查，依法确认调解协议的效力。人民法院依法确认调解协议有效，一方当事人拒绝履行或者未全部履行的，对方当事人可以向人民法院申请强制执行。人民法院依法确认调解协议无效的，当事人可以通过人民调解方式变更原调解协议或者达成新的调解协议，也可以向人民法院提起诉讼。

144. 哪些事项可以向有关行政机关提出信访？

国家《信访条例》第十四条规定，信访人对下列组织、人员的职务行为反映情况，提出建议、意见，或者不服下列组织、人员的职务行为，可以向有关行政机关提出信访事项：

（1）行政机关及其工作人员；

（2）法律、法规授权的具有管理公共事务职能的组织及其工作人员；

（3）提供公共服务的企业、事业单位及其工作人员；

（4）社会团体或者其他企业、事业单位中由国家行政机关任命、派出的人员；

（5）村民委员会、居民委员会及其成员。

145. 哪些事项不属于信访受理范围？

公民、法人以及其他组织就下列事项向国家机关请求权利救济的，应当依照诉讼、仲裁、行政复议等法定程序向有关机关提出：

（1）公民、法人以及其他组织之间的民事纠纷和国家机关参与民事活动引起的民事纠纷，当事人协商不成的，依照《中华人民共和国仲裁法》《中华人民共和国民事诉讼法》的规定向仲裁委员会申请仲裁或者向人民法院提起民事诉讼。

（2）对行政机关的具体行政行为不服的，依照《中华人民共和国行政复议法》《中华人民共和国行政诉讼法》等法律的规定向行政复议机关申请行政复议或者向人民法院提起诉讼。

（3）土地、林地、林木所有权和使用权纠纷，当事人协商不成的，依照《中华人民共和国土地管理法》《中华人民共和国森林法》的规定由有关人民政府处理；对有关人民政府的处理决定不服的，依照《中华人民共和国行政复议法》《中华人民共和国行政诉讼法》等法律的规定向行政复议机关申请行政复议或者向人民法院提起诉讼。

（4）农村土地承包经营纠纷，依照《中华人民共和国农村土地承包经营纠纷调解仲裁法》的规定请求村民委员会、乡（镇）人民政府等调解；当事人和解、调解不成或者不愿和解、调解的，向农村土地承包仲裁委员会申请仲裁或者向人民法院起诉。

（5）劳动者与用人单位之间的劳动纠纷，依照《中华人民共和国劳动争议调解仲裁法》的规定向调解组织申请调解；不愿调解、调解不成或者达成调解协议后不履行的，向劳动争议仲裁委员会申请仲裁；对不属于终局裁决的仲裁裁决不服的，向人民法院提起诉讼；对属于终局裁决的仲裁裁决不服的，向人民法院申请撤销裁决。

（6）对仲裁委员会作出的仲裁裁决不服的，依照《中华人民共和国仲裁法》《中华人民共和国民事诉讼法》的规定向人民法院申请撤销仲裁裁决或者裁定不予执行仲裁裁决。

（7）对人民法院已经发生法律效力的民事判决、裁定、调解书不服的，依照《中华人民共和国民事诉讼法》的规定向人民法院申请再审；人民法院驳回再审申请、逾期未对再审申请作出裁定或者再审判决、裁定有明显错误的，可以向人民检察院申请检察建议或者抗诉。

（8）对已经发生法律效力的行政或者刑事判决、裁定、决定不服的，依照《中华人民共和国行政诉讼法》《中华人民共和国刑事诉讼法》的规定向人民法院或者人民检察院提出申诉。

（9）法律、行政法规规定由法定途径解决的其他事项。

146. 信访人有哪些权利？

（1）了解信访工作制度和信访事项的办理程序；

（2）要求信访工作机构提供与其提出的信访事项有关的咨询；

（3）对与信访事项有直接利害关系的信访工作人员提出回避申请；

（4）向办理机关查询本人信访事项的受理、办理情况并要求答复；

（5）要求对个人信息和隐私、商业秘密予以保密；

（6）依法提出复查、复核申请；

（7）法律、法规规定的其他权利。

147. 信访人有哪些义务？

（1）遵守社会公共秩序，不得损害国家利益、社会公共利益和其他公民的合法权利；

（2）提出的信访事项客观真实，不得歪曲、捏造事实诬告、陷害他人；

（3）依照法律、法规规定的方式和程序进行信访活动；

（4）法律、法规规定的其他义务。

148. 信访应遵循什么原则？

群众的信访行为应按照依法、逐级、有序的原则进行。

（1）信访人采用走访形式提出信访事项，应当向依法有权处理本级或者上一级机关提出；信访事项已经受理或者正在办理的，信访人在规定期限内向受理、办理机关的上级机关再提出同一信访事项，该上级机关不予受理。

（2）信访人要提出信访事项，一般应当采用书信、电子邮件、传真等书面形式；信访人提出投诉请求的，还应该载明信访人的姓名、住址和请求、事实、理由。有关机关对采用碰头形式提出的投诉请求，应当记录信访人的姓名、住址和请求、事实、理由。

（3）信访人采用走访形式提出信访事项的，应当到有关机关设立或者指定的接待场所提出。多人采用走访形式提出共同的信访事项的，应当推选代表，代表人数不得超过5人。

（4）信访人提出信访事项，应当客观真实，对其所提供材料内容真实性负责，不得捏造、歪曲事实，不得诬告、陷害他人。

149. 哪些行为是信访人应当禁止的？

（1）在信访接待场所等国家机关办公场所周围、公共场所非法聚集，围堵、冲击国家机关或者重要活动场所，冲闯公安机关设置的警戒带（线）、警戒区；

（2）未经许可在公共场所或者公共道路上以静坐、列队行进、呼喊口号、派发传单、拉挂横幅、张贴标语等方式表达诉求；

（3）走访时以拦截车辆、堵塞道路等方式妨碍交通；

（4）走访时携带危险物品、管制器具，或者以采取极端行为相威胁；

（5）在国家机关办公场所及周围滞留、滋事等扰乱国家机关工作秩序和公共秩序的行为；

（6）在信访接待场所故意损坏公共设施、公私财物，侮辱、谩骂、殴打、威胁信访工作人员，非法限制他人人身自由，或者将生活不能自理的人弃留在信访接待场所；

（7）煽动、串联、胁迫、利诱、幕后操纵他人信访或者以信访为名借机敛财；

（8）向境内外媒体或者组织发布有关信访事项的虚假信息；

（9）其他妨害公共安全、扰乱公共秩序、妨害社会管理、妨碍他人合法权益的行为。

150. 向有关部门信访可以采取什么形式？

国家《信访条例》第二条规定，公民、法人或者其他组织采用书信、电子邮件、传真、电话、走访等形式，向各级人民政府、县级以上人民政府工作部门反映情况，提出建议、意见或者投诉请求，依法由有关行政机关处理。

政府鼓励信访人通过各级信访门户网站、市（县、区）长信箱等网上反映诉求。2013 年 7 月 1 日，国家信访局已全面放开网上投诉受理。

151. 选择现场走访还是网上信访？

“网上信访”是指通过信访部门构建在互联网上的信访平台向党委和政府反映的情况、提出的意见和建议或者投诉请求。网上信访是非常便捷的信访方式，它不受时间、空间、人数的限制，它的信访成本是最低的、速度是最快的，是传统信访方式的重要补充。它具有便捷、高效、经济诸多特点，只要是实名信访，无论是投诉还是建议、批评还是举报，只需安坐家中轻点鼠标就能轻松解决。近两年来，各级信访机构推动信访工作制度改革，大力实施“互联网 + 信访”建设，建立了全国、省、市、县、乡五级互联互通的信访信息系统，实现了网上投诉、线下办理、网上流转的“阳光信访”新模式，让群众足不出户就可以上网提交投诉请求、意见和建议，并对反映的信访事项办理情况全程实行网上跟踪、查询、评价。

152. 网上信访要怎么做？

目前，国家、省、市、县四级信访部门都开通了网上信访投诉平台，可以登录国家投诉受理办公室网站（http://www.

gjxfj. gov. cn）、广东省人民政府网站（http://www. gd. gov. cn）、广东省信访局网上投诉平台（http://xfj. gd. gov. cn），按照要求进行注册后就可以网上信访。

153. 书信信访要注意什么？

（1）书写工整、字迹清楚。写信人自己不会写或写不好时，可以找人代写，有条件的最好打印。这是信访工作人员搞清楚信中反映问题的基础。

（2）反映问题应实事求是，不夸大也不缩小。语言表达要简洁清楚、一目了然，一页纸能写明白的，绝不用两页。这样既节约写信人的成本，也节约工作人员的时间。

（3）反映问题或提出意见和建议提倡“一信一事”，就是一封信只反映一个问题或一类问题，且这些问题应只属于区委、区政府及其各职能部门管辖处理，涉及法律方面的问题应直接向司法机关反映。这样便于来信的办理和问题的处理。

（4）一定要写清楚联系地址和联系人，有电话的最好留下联系电话，有工作单位的应写清楚本单位和上级主管单位名称。这样有利于工作人员进一步了解情况，同时也便于反馈问题的处理结果。

（5）提倡充分利用网络，通过电子邮件反映问题、提出意见和建议。这样可以节约大量人力物力，提高办事效率，增强保密性。

154. 如何电话信访？

打电话也是重要的信访手段，如果不会写信或网上信访，可以通过热线电话信访。

（1）打开国家信访局网站，查地方政府信访部门和部委信访部门，再查相关单位的信访电话和地址；

（2）打开各省市信访局网站，查当地省市县信访部门和部委办局信访部门的电话和地址；

（3）打 114 查询。

155. 为什么不主张越级上访？

《信访条例》规定，解决信访问题实行“属地管理、分级负责，谁主管、谁负责”和“依法、及时、就地反映问题与疏导教育相结合”原则。因此，信访人不管上访到哪一级政府，最终信访问题还是由当地的责任主体来解决，全部有理的全部解决，部分有理的部分解决，生活困难的予以救助，无理取闹的依法处置。希望存在这种认识误区的信访人能够及时转变观念，逐级有序反映自己的正当诉求。

156. 多人走访为什么要推选代表？

多人采用走访形式提出共同的信访事项的，应当推选代表，代表人数不得超过 5 人。信访人反映的问题能不能解决，不是取决于走访人数的多与少，而是主要看反映的诉求是否合法合规。集体上访是反映共同诉求、意见和建议的，选派代表完全可以反映出来，既方便群众，减轻群众的负担，节省人力、物力和财力，又维护了正常的生产、生活和工作秩序，还方便受理单位听取代表充分表达意愿，有利于解决问题。

157. 中央和国家机关是否接待来访？

如果信访人跨越本级和上一级机关，提出来访事项，上级机关不予受理。对于中央和国家机关来访接待部门，明确规定，应到而未到省级人民政府信访工作机构和其他行政机关提出来访事项，或者省级相关部门正在办理且未超出法定处理期限的，不予受理。信访事项已经复核终结的，不再办理。但是，跨省问题可找中央信访，即反映中央和国家机关或省级政府、工作人员职务行为的，跨省（区、市）、部门、行业且一个省（区、市）或部门无法独立解决的，以及省级人民政府未按《信访条例》规定受理办理的来访事项，中央和国家机关来访接待部门仍要受理。

158. 不受理越级上访是否限制了公民的信访权利？

实行逐级走访，根本出发点在于依法及时就地解决问题，切实维护群众合法权益。不是限制公民信访权利，而是要更好地实现公民信访权利。

（1）国家信访局《关于进一步规范信访事项受理办理程序引导来访人依法逐级走访的办法》进一步压实了有权处理机关的责任，规范了工作程序，明确了失职可能会带来的后果，有助于来访事项得到及时就地解决，为实现公民的信访权利提供了有力保障。

（2）国家信访局《关于进一步规范信访事项受理办理程序引导来访人依法逐级走访的办法》为有权处理机关和来访群众指明了一条步骤清晰、要求明确的路径，引导群众变越级上访、重复上访、多头上访为就地反映问题，有助于减少信访成本和奔波劳累之苦。

实际上，实现公民信访权利的途径有很多，不采用走访形式，问题一样都能得到依法妥善处理。一个信访问题，无论向哪级机关反映，最终都要由有权处理的机关来办理，这是由行政级别管辖权决定的，也是由行政管理工作的程序性特点决定的。实行逐级走访，既能强化基层及时就地解决问题的责任，减少层层转送的中间环节，也能使上级机关更好地发挥督查督办、统筹协调的作用。因此，实行逐级走访不仅不会削弱解决问题的力度，反而能更有效地推动问题解决。

159. 信访人违反信访秩序该如何处置?

有关国家机关工作人员应当对信访人进行劝阻、批评或者教育。经劝阻、批评或者教育无效的，由公安机关予以警告、训诫或者制止；违反集会游行示威的法律、行政法规，或者构成违反治安管理行为的，由公安机关依法采取必要的现场处置措施、给予治安管理处罚；构成犯罪的，依法追究刑事责任。

160. 进入信访场所要注意什么?

（1）信访人必须先登记、后接谈，依法有序上访，自觉维护信访秩序。

（2）信访人要自觉维护好接访场所的安全和环境，严禁携带危险品、管制器具等进入接访室；禁止在候访室吸烟、吵闹、大声喧哗等。要讲究公共卫生，爱护候访室内的设施。

（3）信访人应主动出示身份证件，积极配合工作人员对随身携带包裹、背包等物品进行安全检查，未经检查的包裹、背包等物品不得带入候访室。经检查确保安全后，方可到登记处领取人民来访登记表，如实填写，并将填写的登记表交回登记处，等候接谈。

（4）严禁侮辱、威胁、殴打国家机关工作人员或非法限制他人人身自由。对违反此规定者，经批评、教育无效的，由公安机关依法采取必要的现场处置措施、给予治安管理处罚；构成犯罪的，依法追究刑事责任。

（5）严禁在接访场所滞留、滋事，严禁将生活不能自理的人弃留在接访场所。

161. 信访人不服信访处理意见怎么办？

信访人对行政机关作出的信访事项处理意见不服的，可以自收到书面答复之日起 30 日内请求原办理行政机关的上一级行政机关复查。收到复查请求的行政机关应当自收到复查请求之日起 30 日内提出复查意见，并予以书面答复。

复查机关未在法定期限内作出复查意见或者信访人对复查意见不服的，信访人可以自法定期限终结或者收到书面答复之日起 30 日内向复查机关的上一级行政机关请求复核。收到复核请求的行政机关应当自收到复核请求之日起 30 日内提出复核意见。信访人对复核意见不服，仍然以同一事实和理由提出信访请求的，国家机关不再受理。

信访人未依法申请复查、复核，重复提出信访事项的，原承办的行政机关可以按照省的有关规定向上级行政机关提出核查申请；原承办的行政机关是地级以上市人民政府或者省人民政府工作部门的，可以自行启动核查程序。实施核查的行政机关应当进行调查，在调查工作结束后举行公开评议会，并在此基础上作出核查结论。信访人对核查结论不服，仍然以同一事实和理由提出信访请求的，国家机关不再受理。

第十章 仲裁与诉讼

162. 什么是仲裁?

仲裁制度是指民（商）事争议的双方当事人达成协议，自愿将争议提交选定的第三方根据一定程序规则和公正原则作出裁决，并有义务履行裁决的一种法律制度。仲裁通常为行业性的民间活动，是一种私行为，即私人裁判行为，而非国家裁判行为，它与和解、调解、诉讼并列为解决民（商）事争议的方式。但仲裁依法受国家监督，国家通过法院对仲裁协议的效力、仲裁程序的制定以及仲裁裁决的执行和遇有当事人不自愿执行的情况时，可按照审判地法律所规定的范围进行干预。

仲裁可以解决当事人共同约定的仲裁事项。主要包括民商事仲裁、劳动仲裁、农村土地承包经营仲裁、婚姻家庭纠纷仲裁、物业管理纠纷仲裁、医疗纠纷仲裁。

仲裁的基本原则有三：一是自愿原则。当事人采用仲裁方式解决纠纷，应当双方自愿，达成仲裁协议，没有仲裁协议而一方申请仲裁的，仲裁委员会不予受理。二是独立原则。仲裁依法独立进行，不受行政机关、社会团体和个人的干涉。三是合法公平原则。仲裁应当根据事实、符合法律规定，公平合理地解决纠纷。

163. 仲裁制度有什么优缺点?

仲裁有三项基本制度：一是或裁或审制度。当事人之间对争议事项可以自由选择仲裁或诉讼中的一项，选择了一项，即放弃了另一项选择。当事人还有权选择仲裁员。如果仲裁被法院裁决无效的，可以另行提起诉讼。

二是协议仲裁制度。协议仲裁制度是自愿原则的最根本的体现，也是自愿原则在仲裁过程中得以实现的最基本的保证。即：

（1）将争议提交仲裁解决，必须建立在双方当事人自愿的基础之上，达成书面仲裁协议；双方没有这种共同意愿，没有记载双方共同意愿的仲裁协议，就不能仅凭单方面的意愿来通过仲裁这种方式解决纠纷，而只能通过诉讼或者其他途径解决他们之间的争议。

（2）仲裁委员会受理案件，必须基于双方当事人的共同授权，对没有仲裁协议的仲裁申请，仲裁委员会不能受理。也就是说仲裁委员会对案件的管辖权来自双方当事人的协议。仲裁协议是仲裁委员会受理案件的依据，是仲裁委员会行使管辖权的前提。

三是一裁终局制度。仲裁裁决作出后，即发生法律效力。当事人对裁决不服，不能再就同一纠纷向人民法院起诉，也不能再向仲裁委员会申请仲裁（包括向仲裁委员会申请复议）。

例外有两种情形，第一种是仲裁裁决被人民法院撤销；第二种是人民法院不予执行仲裁裁决。

仲裁的优点：一是体现了当事人之间的意思自治；二是由于实行一裁终局制度，仲裁具有时间短、费用低的突出优点；三是保密性强。

仲裁的缺点：一是无法有效保护第三人的合法权益；二是仲裁失误的风险较高，纠正难度大。

164. 哪些事项适用仲裁解决？

《中华人民共和国仲裁法》第二条规定，平等主体的公民、法人和其他组织之间发生的合同纠纷和其他财产权益纠纷，可以仲裁。

第三条规定，下列纠纷不能仲裁：

（1）婚姻、收养、监护、扶养、继承纠纷；

（2）依法应当由行政机关处理的行政争议。

165. 什么情况下仲裁协议无效？

《中华人民共和国仲裁法》第十七条规定，有下列情形之一的，仲裁协议无效：

（1）约定的仲裁事项超出法律规定的仲裁范围的；

（2）无民事行为能力人或者限制民事行为能力人订立的仲裁协议；

（3）一方采取胁迫手段，迫使对方订立仲裁协议的。

166. 仲裁调解书与裁决书有什么法律效力？

《中华人民共和国仲裁法》第五十一条规定，仲裁庭在作出裁决前，可以先行调解。当事人自愿调解的，仲裁庭应当调解。调解不成的，应当及时作出裁决。调解达成协议的，仲裁庭应当制作调解书或者根据协议的结果制作裁决书。调解书与裁决书具有同等法律效力。

第五十二条规定，调解书应当写明仲裁请求和当事人协议的结果。调解书由仲裁员签名，加盖仲裁委员会印章，送达双方当事人。调解书经双方当事人签收后，即发生法律效力。

裁决书自作出之日起发生法律效力。《中华人民共和国仲裁法》第六十二条规定，（仲裁）当事人应当履行裁决。一方当事人不履行的，另一方当事人可以依照民事诉讼法的有关规定向人民法院申请执行。受申请的人民法院应当执行。

167. 哪些土地承包经营纠纷可以申请仲裁？

第一，纠纷事由：

（1）因订立、履行、变更、解除和终止农村土地承包合同发生的纠纷；

（2）因农村土地承包经营权转包、出租、互换、转让、入股等流转发生的纠纷；

（3）因收回、调整承包地发生的纠纷；

（4）因确认农村土地承包经营权发生的纠纷；

（5）因侵害农村土地承包经营权发生的纠纷；

（6）法律、法规规定的其他农村土地承包经营纠纷。

因征收集体所有的土地及其补偿发生的纠纷，不属于仲裁委员会的受理范围，可以通过行政复议或者诉讼等方式解决。

第二，纠纷时限如下：

当事人申请农村土地承包经营纠纷仲裁的时效期间为二年，自当事人知道或者应当知道其权利被侵害之日起计算。

仲裁时效因申请调解、申请仲裁、当事人一方提出要求或者同意履行义务而中断。从中断时起，仲裁时效重新计算。

在仲裁时效期间的最后六个月内，因不可抗力或者其他事由，当事人不能申请仲裁的，仲裁时效中止。从中止时效的原因消除之日起，仲裁时效期间继续计算。

侵害农村土地承包经营权行为持续发生的，仲裁时效从侵权行为终止时计算。

第三，申请人的资格要求：

申请农村土地承包经营纠纷仲裁，应当符合下列条件：

（1）申请人与纠纷有直接的利害关系；

（2）有明确的被申请人；

（3）有具体的仲裁请求和事实、理由；

（4）属于仲裁委员会的受理范围。

168. 农村宅基地纠纷调解有哪些程序？

（1）向县级以上人民政府土地管理部门或者乡级人民政府提出书面申请；

（2）双方当事人出示举证的材料和依据；

（3）工作人员现场调查材料和取证；

（4）组织双方当事人进行调解，制作书面调解书；

（5）调解未达成协议的，或者调解书送达前一方或双方反悔的，土地管理部门及时提出处理意见，报人民政府下达处理决定。

169. 农村宅基地使用权的转让要具备什么条件？

（1）经本村村民委员会同意，且最终取得乡级政府的批准；

（2）转让人与受让人同为本村村民；

（3）受让人无宅基地，符合宅基地申请条件；

（4）宅基地使用权不能单独转让，须与住房一并转让。

另外，转让人户口应该已迁出本村或属于“一户多宅或多房”。如系一户一宅，须明确表示不再申请宅基地，且有证据表明其已有住房保障，如与其他近亲属合户居住。符合以上条件，该房屋买卖可保万无一失。

170. 如何计算土地征收补偿金？

根据《中华人民共和国土地管理法》第四十七条规定，征地补偿有三大块：土地补偿费、安置补助费、青苗补偿费。

对于这三项费用的分配：安置补助费、青苗补偿费是直接支付给被征地人的，土地补偿费给村集体。

但给村集体的土地补偿费也不是就归集体所有而被征地人

一点都得不到。土地补偿费由村集体统一分配，具体如何分要经村民代表大会决定，但在分配时，或者是所有村民都有权平均分，然后由村里给被征地人另行调配土地；或者是多分配给被征地人一些款项作为补偿，而没有被征地的村民就少分或是不分给所征地的土地补偿费。

171. 在医院看病觉得利益受到损害怎么办？

如果在医院自身利益受到损害了，第一时间要固定证据，也就是要保管好或复印、封存病历。如果是门诊，保管好门诊病历、发票、药品清单、检查单等医院出具的材料；如果是住院发生的纠纷，第一时间将住院病历进行复印以及封存，固定证据。必要时可做尸体病理解剖的方式，明确患者的死亡原因。这对医疗过错鉴定至关重要。

172. 发生医疗纠纷如何处理？

（1）协商，此为最优方案。医患双方就赔偿问题进行协商，达成一致意见，双方签订协议书，可以办理公证或律师见证，并报卫生行政主管部门备案。

（2）申请卫生行政部门调解。当事人应当提出书面申请，并在知道或应当知道身体健康受到损害之日起一年内提出。目前，广东省已成立了广东和谐医疗纠纷人民调解委员会（简称“广东医调委”）。广东医调委是依托于广东省人民调解员协会，经省司法厅批准同意设立的行业性、专业性医患纠纷人民调解组织。创新和完善出了一套更适合、更有效解决医患纠纷的机制，即“保、调、赔、防、管”联合机制。该机制得到了广东各地政府相关部门以及大部分患者和医疗机构的普遍认可，成为了广东省医患纠纷化解的主要渠道。

（3）向人民法院起诉。医疗纠纷可以不向卫生行政部门申请处理，直接向人民法院提起诉讼。以侵权为案由的，诉讼时效为一年；以违约为案由的，诉讼时效为三年，均自知道或应当知道自己的权益受到侵害之日起计算。

173. 各类司法诉讼各管什么事？

中国司法诉讼制度主要有三种：一是行政诉讼制度；二是民事诉讼制度；三是刑事诉讼制度。

法院受理行政诉讼的案件范围：农民对行政机关做出的与自己有关的行政处罚、行政强制措施、行政征收、行政许可、行政给付等八类侵犯相对人人身权和财产权的具体行政行为可以向人民法院提起行政诉讼，行政诉讼不交诉讼费。

法院受理民事诉讼的案件范围：公民之间、法人之间、其他组织之间以及他们相互之间因财产关系和人身关系提起的民事诉讼。民事诉讼应依法向人民法院缴纳诉讼费。

法院受理刑事自诉讼的案件范围：《中华人民共和国刑事诉讼法》第二百一十条规定，自诉案件由人民法院直接受理，自诉案件包括以下两类案件：

第一，告诉才处理的案件。即被害人及其代理人提出控告和起诉，人民法院才予受理的案件。如果被害人及其代理人没有告诉或者告诉后又撤诉告诉的，人民法院就不予追究。被害人不起诉必须是他本人真实意思的体现，如果被害人因受恐吓、强制等原因无法告诉的，人民检察院或者被害人的近亲属也可以告诉。根据《中华人民共和国刑法》（以下简称《刑法》）规定，共有四种案件是告诉才处理的案件：

（1）公然侮辱、诽谤的案件（《刑法》第二百四十六条规定的，但是严重危害社会秩序和国家利益的除外）；

（2）暴力干涉他人婚姻自由的案件（《刑法》第二百五十七条第一款规定的）；

（3）虐待家庭成员案件（《刑法》第二百六十条第一款规定的）；

（4）侵占他人委托保管财物的案件（《刑法》第二百七十条规定的）。

第二，被害人有证据证明的轻微刑事案件。这类案件必须符合两个条件：一是必须是轻微的刑事案件；二是被害人必须有相应的证据证明被告人有罪。主要包括：

（1）故意伤害的案件（《刑法》第二百三十四条第一款规定的）；

（2）非法侵入他人住宅的案件（《刑法》第二百四十五条规定的）；

（3）侵犯通信自由的案件（《刑法》第二百五十二条规定的）；

（4）重婚的案件（《刑法》第二百五十八条规定的）；

（5）遗弃的案件（《刑法》第二百六十一条规定的）；

（6）生产、销售伪劣商品的案件（刑法分则第三章第一节规定的，但是严重危害社会秩序和国家利益的除外）；

（7）侵犯知识产权的案件（刑法分则第三章第七节规定的，但是严重危害社会秩序和国家利益的除外）；

（8）属于刑法分则第四章、第五章规定的，对被告人可能判处三年以下有期徒刑以下刑罚的案件。

对于这八类案件，被害人直接向人民法院起诉的，人民法院应该依法受理。对于其中证据不足、可由公安机关处理的，或者认为对被告人可能判处三年有期徒刑以上刑罚的，应该移送公安机关立案侦查。也就是说，对上述八类案件，如果犯罪轻微，被害人能够向人民法院提供证明被告人对自己实施了犯罪行为的证据的，以自诉方式直接向人民法院起诉。

三是被害人有证据证明被告人侵犯自己人身财产权利的行为应当依法追究刑事责任，而公安机关或人民检察院不予追究被告人刑事责任的案件。

174. 常见的法律文书有哪些？

常见的法律文书主要有：民商裁决文书、行政裁决文书、刑事裁决文书、仲裁法律文书、公证法律文书、诉讼法律文书、非诉法律文书、公司管理文书、公司清算文书等类型。

（1）民事诉讼类：起诉状、反诉书、答辩状、代理词、刑事附带民事起诉书、上诉状、强制执行申请书、财产保全申请书、先予执行申请书、回避申请书、宣告失踪申请书、宣告死亡申请书、支付令申请书、再审申诉书；

（2）婚姻家庭类：婚前财产协议书、离婚协议书、抚养子女协议书、遗赠协议书、遗赠抚养协议书、收养协议书；

（3）公司类：各类公司合同、股权转让协议、法律意见书、律师工作报告、各类规章制度、公司章程、规章制度、人事管理办法、劳动管理办法、资产管理办法等；

（4）劳动类：劳动合同书、劳务合同书、劳动仲裁申诉书；

（5）刑事诉讼类：控告状、刑事自诉状、取保候审申请书、上诉书、再审申诉书；

（6）行政类：行政复议申请书、行政诉讼起诉书、行政诉讼答辩书、行政强制执行申请书、行政上诉书、行政再审申诉书；

（7）经济类：买卖合同、转让合同、借款合同、承揽合同、承包合同、运输合同、租赁合同、赠与合同、经营合同、合伙协议等。

175. 生效的法律文书有哪些种类？

（1）人民法院民事、行政判决、裁定、调解书，民事制裁决定、支付令，以及刑事附带民事判决、裁定、调解书；

（2）依法应由人民法院执行的行政处罚决定、行政处理决定；

（3）仲裁机构作出的仲裁裁决和调解书，人民法院依据《中华人民共和国仲裁法》有关规定作出的财产保全和证据保全裁定；

（4）公证机关依法赋予强制执行效力的关于追偿债款、物品的债权文书；

（5）经人民法院裁定承认其效力的外国法院作出的判决、裁定，以及国外仲裁机构作出的仲裁裁决；

（6）法律规定由人民法院执行的其他法律文书。

通常，法院会向当事人发出法律文书生效通知书，是证明法律文书已经生效的证明文件，由办案法官开具并加盖办案法庭印章。

176. 生效的法律文书如何执行？

生效法律文书的执行，一般应当由当事人依法提出申请。

发生法律效力的法律文件包括：具有给付赡养费、扶养费、抚育费内容的法律文书、民事制裁决定书，以及刑事附带民事判决、裁定、调解书，由审判庭移送执行机构执行。

177. 法律对诉讼时效有什么规定？

诉讼时效是指民事权利受到侵害的权利人在法定的时效期间内不行使权利，当时效期间届满时，债务人获得诉讼时效抗辩权。即债务人可以因债权人放弃诉讼而导致权利失效。

《中华人民共和国民法总则》第一百八十八条第一款规定，向人民法院请求保护民事权利的诉讼时效期间为三年。法律另有规定的，依照其规定。诉讼时效期间自权利人知道或者应当知道权利受到损害以及义务人之日起计算。法律另有规定的，依照其规定。但是自权利受到损害之日起超过二十年的，人民法院不予保护。

178. 为什么要重视诉讼保全？

诉讼保全是当事人确保自身权益的重要手段，是指人民法院对于可能因当事人一方行为或者其他原因，使判决不能执行或难以执行的案件，在对该案判决前，依法对诉讼标的物或与本案有关的财物采取的强制性措施。人民法院在决定采取诉讼保全措施前，可令申请人提供担保，拒绝提供担保的，驳回诉讼保全申请。对情况紧急的，人民法院可在 48 小时内作出裁定，并立即采取诉讼保全措施。当事人不服诉讼保全裁定的，可以申请复议。复议期间，不停止裁定的执行。

179. 证据有哪些主要种类？

《中华人民共和国民事诉讼法》第六十三条规定的七种证据形式，即书证、物证、视听资料、证人证言、当事人的陈述、鉴定意见、勘验笔录。

理论上证据分为：原始证据与传来证据、直接证据与间接证据、言词证据与实物证据、本证与反证。一般而言，原始证据的效力高于传来证据、直接证据的效力高于间接证据、实物证据高于言词证据、本证高于反证。

180. 民事案件的举证责任有哪几种?

（1）当事人举证责任。《中华人民共和国民事诉讼法》第六十四条第一款，当事人对自己提出的主张，有责任提供证据。

（2）人民法院举证责任。《中华人民共和国民事诉讼法》第六十四条第二款，当事人及其诉讼代理人因客观原因不能自行收集的证据，或者人民法院认为审理案件需要的证据，人民法院应当调查收集。

（3）举证责任倒置。是指法律直接规定的侵权诉讼案件中，由侵权人负责举证，证明与损害结果之间不存在因果关系或受害人有过错或者第三人有过错承担举证责任。

181. 行政案件的举证责任有哪几种?

根据《中华人民共和国行政诉讼法》第三十二条和第四十三条的规定，被告的行政机关对作出的具体行政行为负有举证责任，应当在收到起诉状副本之日起十日内，提供据以作出被诉具体行政行为的全部证据和所依据的规范性文件。被告不提供或者无正当理由逾期提供证据的，视为被诉具体行政行为没有相应的证据。

182. 刑事案件的举证责任有哪几种？

《中华人民共和国刑事诉讼法》第五十一条规定，公诉案件中被告人有罪的举证责任由人民检察院承担，自诉案件中被告人有罪的举证责任由自诉人承担。

183. 证人有哪些权利和义务？

根据《中华人民共和国刑事诉讼法》的规定，在人民检察院办理案件期间，证人有如下诉讼权利和义务：

（1）凡是知道案件情况的人，都有作证的义务。

（2）有用本民族的语言文字进行诉讼的权利。

对于侦查人员、鉴定人、记录人、翻译人员有下列情形之一的，证人及其法定代理人有权申请回避：①是本案的当事人或者是当事人的近亲属的；②本人或者他的近亲属和本案有利害关系的；③担任过本案的证人、鉴定人、辩护人、诉讼代理人的；④与本案当事人有其他关系，可能影响公正处理案件的。

对驳回申请回避的决定，可以申请复议一次。

（3）未满 18 周岁的证人在接受询问时有权要求通知其法定代理人到场。

（4）应当如实地提供证据、证言，有意作伪证或者隐匿罪证应负相应的法律责任。

（5）有权核对询问笔录。没有阅读能力的，侦查人员应当向其宣读。如果记载有遗漏或者差错，有权提出补充或者改正，经核对无误后，应当在询问笔录上逐页签名、捺指印。有权自行书写亲笔证词。

（6）因在诉讼中作证，人身安全面临危险的，可以向公安机关、人民检察院、人民法院请求对本人或其近亲属予以保护。

第十一章

法律援助与司法救助

184. 什么是法律援助？

法律援助是指由政府设立的法律援助机构组织法律援助的律师，为经济困难或特殊案件的人给予无偿提供法律服务的一项法律保障制度。特殊案件是指依照《中华人民共和国刑事诉讼法》第三十五条第二款、第三款的规定，犯罪嫌疑人、被告人是盲、聋、哑人，或者是尚未完全丧失辨认或者控制自己行为能力的精神病人，没有委托辩护人的，人民法院、人民检察院和公安机关应当通知法律援助机构指派律师为其提供辩护。犯罪嫌疑人、被告人可能被判处无期徒刑、死刑，没有委托辩护人的，人民法院、人民检察院和公安机关应当通知法律援助机构指派律师为其提供辩护。

185. 哪些事项可以申请法律援助？

根据《法律援助条例》第十条、第十一条和第十二条的规定，公民有下列事项，没有委托代理人或辩护人的，可以申请法律援助或由人民法院指定辩护：

（1）依法请求国家赔偿的。

（2）请求给予社会保险待遇或者最低生活保障待遇的。

（3）请求发给抚恤金、救济金的。

（4）请求给付赡养费、抚养费、扶养费的。

（5）请求支付劳动报酬的。

（6）主张因见义勇为行为产生的民事权益的。

（7）犯罪嫌疑人在被侦查机关第一次询问后或者采取强制措施之日起，因经济困难没有聘请律师的。

（8）公诉案件中的被害人及其法定代理人或者近亲属，自案件移送审查起诉之日起，因经济困难没有委托诉讼代理人的。

（9）自诉案件的自诉人及其法定代理人，自案件被人民法院受理之日起，因经济困难没有委托诉讼代理人的。

（10）公诉人出庭公诉的案件，被告人因经济困难或者其他原因没有委托辩护人，人民法院为被告人指定辩护时，法律援助机构应当提供法律援助。

（11）被告人是盲、聋、哑人或者未成年人而没有委托辩护人的，或者被告人可能被判处死刑而没有委托辩护人的，人民法院为被告人指定辩护时，法律援助机构应当提供法律援助，无须对被告人进行经济状况的审查。

186. 哪些案件不能提供法律援助？

（1）因申请人的过错责任侵犯他人的合法权益而引起的民事诉讼或刑事自诉案件。

（2）因申请人过错而引起的行政诉讼案件。

（3）申请人提供不出涉讼案件的有关证据而且无法调查取证的案件。

（4）可由行政机关处理而不需通过诉讼程序的事务。

（5）案情及法律程序简单，通常无须聘请法律服务人员代理的案件。

（6）已竭尽法律救济的案件。

（7）申请人提供不出任何证明材料或出具虚假证明骗取法律援助的。

（8）其他经主管机关批准，法律援助中心对外声明不予受理的案件。

187. 法律援助主要有哪些形式？

（1）刑事辩护和刑事代理。

（2）民事、行政诉讼代理。

（3）非诉讼法律事务代理。

（4）公证证明。

（5）法律咨询、代拟法律文书。

（6）其他形式的法律服务。

188. 申请人应向哪个法律援助机构提出申请？

（1）已立案的刑事、民事、行政等诉讼案件，由有管辖权的人民法院所在地同级法律援助中心受理。

（2）不需经法院解决的非诉讼法律事务，由申请人所在地或工作单位所在地的法律援助中心受理。

（3）两个或两个以上法律援助中心对同一案件均有管辖权的，由最先接受申请的援助中心管辖。

189. 法律援助受援人享有哪些权利？

（1）可以了解为其提供法律援助活动的进展情况。

（2）有事实证明法律援助承办人员未适当履行职责的，可以要求更换承办人。

（3）可以申请有利害冲突的法律援助审批人员回避。

190. 法律援助受援人应履行哪些义务？

（1）如实提供能证明维护自己合法权益的事实和相关材料及足以证明经济困难，确需减、免收法律服务费用的证明材料。

（2）给法律援助人员提供必要的合作。

（3）受援人因所需援助案件或事项的解决而获得较大利益时，应当按规定的收费标准向法律援助中心支付全部或部分费用。

191. 什么是司法救助？

司法救助又称诉讼救助，是指人民法院在诉讼中，通过对当事人缓交、减交或免交诉讼费用的救济措施，减轻或者免除经济上确有困难的当事人的负担。

192. 哪些人可以享受国家司法救助？

（1）刑事案件被害人受到犯罪侵害，致使重伤或严重残疾，因案件无法侦破造成生活困难的；或者因加害人死亡或没有赔偿能力，无法经过诉讼获得赔偿，造成生活困难的。

（2）刑事案件被害人受到犯罪侵害危及生命，急需救治，无力承担医疗救治费用的。

（3）刑事案件被害人受到犯罪侵害而死亡，因案件无法侦破造成依靠其收入为主要生活来源的近亲属生活困难的；或者因加害人死亡或没有赔偿能力，依靠被害人收入为主要生活来源的近亲属无法经过诉讼获得赔偿，造成生活困难的。

（4）刑事案件被害人受到犯罪侵害，致使财产遭受重大损失，因案件无法侦破造成生活困难的；或者因加害人死亡或没有赔偿能力，无法经过诉讼获得赔偿，造成生活困难的。

（5）举报人、证人、鉴定人因举报、作证、鉴定受到打击报复，致使人身受到伤害或财产受到重大损失，无法经过诉讼获得赔偿，造成生活困难的。

（6）追索赡养费、扶养费、抚育费等，因被执行人没有履行能力，造成申请执行人生活困难的。

（7）对于道路交通事故等民事侵权行为造成人身伤害，无法经过诉讼获得赔偿，造成生活困难的。

（8）党委政法委和政法各单位根据实际情况，认为需要救助的其他人员。

涉法涉诉信访人，其诉求具有一定合理性，但通过法律途径难以解决，且生活困难，愿意接受国家司法救助后息诉息访的，可参照执行。

193. 哪些情形不能给予司法救助？

申请国家司法救助人员，具有以下情形之一的，一般不予救助：

（1）对案件发生有重大过错的；

（2）无正当理由，拒绝配合查明犯罪事实的；

（3）故意作虚伪陈述或者伪造证据，妨害刑事诉讼的；

（4）在诉讼中主动放弃民事赔偿请求或拒绝加害责任人及其近亲属赔偿的；

（5）生活困难非案件原因所导致的；

（6）通过社会救助措施，已经得到合理补偿、救助的。

对社会组织、法人，不予救助。

194. 国家司法救助的方式、标准和金额是什么？

（1）救助方式。国家司法救助以支付救助金为主要方式。同时，与思想疏导、宣传教育相结合，与法律援助、诉讼救济相配套，与其他社会救助相衔接。有条件的地方，积极探索建立刑事案件伤员急救“绿色通道”、对遭受严重心理创伤的被害人实施心理治疗、对行动不便的受害人提供社工帮助等多种救助方式，进一步增强救助效果。

（2）救助标准。各地应根据当地经济社会发展水平制定具体救助标准，以案件管辖地上一年度职工月平均工资为基准，一般在36个月的工资总额之内。损失特别重大、生活特别困难，需适当突破救助限额的，应严格审核控制，救助金额不得超过人民法院依法应当判决的赔偿数额。

（3）救助金额。确定救助金具体数额，要综合考虑救助对象实际遭受的损害后果、有无过错以及过错大小、个人及其家庭经济状况、维持当地基本生活水平所必需的最低支出以及赔偿义务人实际赔偿情况等。

195. 国家司法救助程序有哪些?

使用国家司法救助资金应当严格遵循以下程序:

(1) 告知。人民法院、人民检察院、公安机关、司法行政机关在办理案件、处理涉法涉诉信访问题过程中,对符合救助条件的当事人,应当告知其有权提出救助申请。

(2) 申请。救助申请由当事人向办案机关提出;刑事被害人死亡的,由符合条件的近亲属提出。申请一般采取书面形式。确有困难,不能提供书面申请的,可以采用口头方式。申请人应当如实提供本人真实身份、实际损害后果、生活困难、是否获得其他赔偿等相关证明材料。

(3) 审批。办案机关应当认真核实申请人提供的申请材料,综合相关情况,在10个工作日内作出是否给予救助和具体救助金额的审批意见。决定不予救助的,及时将审批意见告知当事人,并做好解释说明工作。

(4) 发放。对批准同意的,财政部门应及时将救助资金拨付办案机关,办案机关在收到拨付款后2个工作日内,通知申请人领取救助资金。对急需医疗救治等特殊情况,办案机关可以依据救助标准,先行垫付救助资金,救助后及时补办审批手续。

后 记

与多数中国人一样，我的祖上三代都是地道的农民，直到我父亲才靠人民助学金读完大学进城。尽管我在城里出生，童年却是在辽东农村黑土地里成长度过的。这不仅因为我是家中的长子，理应子代父职、承欢膝下、以奉天恩，更因为父母工作忙碌、两地分居，且母亲当时又有身孕，只能将我寄养乡间。回想起来，那时农村的物质条件极差，但孩子是没有贫富概念的，如今东北老家留给我的只有浅浅的快乐记忆……

我本科就读于城市建设系，不过同寝室老大莱阳梨、老二南阳诸葛、老三武昌鱼、老四安福茶、老七盖县苹果都是不折不扣的“乡巴佬”。跳出“农门”是大家的共同理想，在那个毛升学率不到3%的精英教育时代，我们可以说是绝对成功的。

也许是造化弄人，我做梦也想不到自己这个的城里人，大学毕业时却为了理想来到了辽东农村，成了真正的乡下人。

我的第一份工作是在辽宁省东港三建做安全员。此地为甲午海战故地的大东沟，我工作的乡镇叫汤池，紧邻的浪头、前阳两机场是当年王海、张积惠、曹双明等著名空军将领的立威之地。我的第一个工程是丹东消防支队指挥中心。“赴汤蹈火、竭诚为民”，冥冥之中，天命于我，前尘已定。

职业使然，使我有幸与农民工同吃同住在一辆报废公汽改造的工棚里，一起干活、吹牛、打牌、喝酒，有幸深入到农民的内心世界。在公司办公室里，曾好奇地拆开返乡民工的家书，在那些猪已上膘、鸡还安好、母慈子安之类的絮语中，泪水不知不觉间滑落，同是天涯沦落人，相逢对面不相识……

一年后，我调到镇人大当公务员。春种夏收、防洪抗风、防治白蛾、抓计生工作、缉拿逃犯、调解农民、社教宣传等乱忙，最有意思是与经常喝得半醉、口哼酸曲的税务老黄一起上山查农业税源，诸如此类，不经意间为10年后的第一篇学术文章种下因缘。

从这以后，入辽宁省总工会和辽宁省发展计划委员会工作。1999年，入沈阳农业大学读博士，研究农村金融发展。导师方天堃教授面谕：做土地制度的法经济学分析似为正道。可惜我资质愚钝、工作繁忙，未能领悟恩师的高明之论，后悔未及。

2003年春，我到著名学者温思美教授门下做博士后。广州的温润丰泽与华农的包容兼收也如春风化雨点滴在心头。在那个“非典”的暑假，独自一人蜷缩在华农六一区炎热的小屋里，全身心地投入到“农业税收比较研究”的初稿写作中，在温老师和师母孙良媛教授的精心指导下，论文最终发表于《管理世界》并于两年后获得第二届“中国农村发展研究奖”的提名奖。之后，我承担了农业部软科学、广东省重大决策咨询、广东省“十一五”规划前期研究等课题。华农重视田野调查和乡土经验的优良传统，为我提供了深入了解南粤农村的难得机会，有幸结识了一大批主管部门领导、基层农村干部和同行学者，广东农民惊人的创造力与广东农村巨大的活力让我感动，而珠三角眩目的富庶和连南民族山乡现实的贫困后也让我看到了复杂多致的广东，原来富甲天下的广东居然也和全国一样，存在区域之间、城乡之间、经济与社会发展的巨大不平衡……

2005 年，我到暨南大学任教，既是路径依赖，更是角色使然。我开始用公共管理和公共经济学的方法及话语体系来思考解读“三农”问题，并长期担任广东省科技厅农村科技战略咨询专家和广东省农业经济学会理事等工作。

2008 年后，根据学科建设的需要，我开始转向应急管理研究。从事应急预案与演练、风险评估、应急管理信息平台规划、应急科普等研究，并承担了大量实际部门的课题及咨询工作。

作为有过多年实际工作经验的学者，学以致用关乎初心。为了这份初心，我先后考取律师、注册咨询工程师（投资）、注册城市规划师、注册安全工程师等职业资格，不意间已是职业资格最多的高校文科老师之一。为了这份初心，老友何丞一声召唤，我即应下《新时代乡村振兴百问百答丛书》中关于农村防灾减灾与应急分册的重任，并蒙主编何老师、编辑部及诸领导厚爱，格外开恩分两册出版。

值此成书之际，愚真诚感谢业师李恩辕、方天堃、温思美三位教授的化育之恩。感谢丛书总编何丞先生的提携之谊。并特别感谢中山市应急管理局慷慨无私地转让应急避险系列科普视频使用权并在本书无偿链接使用。

最后，感谢广东人民出版社政治读物编辑室编辑们的杰出工作，感谢研究生吴晓轩同学出色的校对工作，也感谢多年来暨南大学应急管理学院诸同事及学生们的包容与支持。

受学识及时间所限，书中贻笑大方之处必挂一漏万，恳请各界先进及诸位书友不吝赐教！

愚感激不尽！叩首为尊！

洪凯（花名应急胖红）于暨南园

2019 年 3 月